JN148418

沖縄で生まれた
マナティーの赤ちゃん

人間のお医者さんに診てもらった
マナティーの保育日誌

長崎　佑　著

ボーダーインク

沖縄で生まれた
マナティーの赤ちゃん

目次

Ⅲ 「がんばれ まな子ちゃん」 61

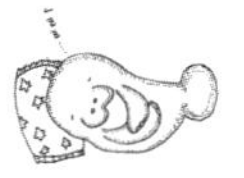

Ⅳ 世界で初めてＣＴ検査を受けたマナティー 107

V　新しい夢にむかって　147

プロローグ　沖縄で生まれたマナティーを知っていますか

日本の水族館で入館者数第一位はどこだと思いますか？

それは沖縄県の沖縄本島北部・本部町の海洋博公園（国営沖縄記念公園）にある「沖縄美ら海水族館」です。

２０１８年の入館者数は３１６万人でした。ちなみに第二位は大阪の海遊館で２６３万人なので、この南の小さな島にある沖縄美ら海水族館がダントツの一位なのです。なぜこんなにも人気があるのでしょう。それは沖縄の海に、豊かな自然があるからです。

沖縄美ら海水族館の展示コンセプトは「沖縄の海を旅する」です。

沖縄の海には３つの顔があります。沖縄の島々を取り巻く美しいサンゴ礁の海、沖縄の沖合を流れる黒潮の海、そして大陸と沖縄諸島の間にある深海の海（沖縄舟状海盆）です。沖縄美ら海水族館は、この３つの海、サンゴ礁から沖合の黒潮、そして深海へと旅するというテーマで展示しています。

サンゴ礁の海に住む、色鮮やかで魅力あふれる生き物達。沖合の黒潮には回遊魚の群れ。その中の代表格は、何といっても巨大なジンベエザメ、マンタ（ナンヨウマンタ）です。そのジンベエザメとマンタの飼育に世界で初めて成功したのが、私たち沖縄の水族館の飼育スタッフです（沖縄美ら海水族館の前身である国営沖縄記念公園水族館のとき）。

日本最大規模をほこる黒潮の海水槽では、ジンベエザメ、マンタが悠々と泳ぎ、まるで海の一角を見ているように感じられます。さらに神秘の世界、深海の海では、飼育が難しい宝石サンゴをはじめ深海の魅力が体験できます。豊かな沖縄の海が凝縮されているのが沖縄美ら海水族館なのです。

「沖縄の海の旅」を終え、館の外にでるとエメラルドグリーンの大海原が広がります。旅がまだ続いているようかのなこのロケーションは、この海洋博公園でしか味わえません。

美ら海水族館のそばでは、本格的なイルカショーを日本で唯一無料で見られるオキちゃん劇場があります。ここには１９７５年に開催された沖縄国際海洋博覧会のため、奄美大島よりやって来たミナミバンドウイルカのオキちゃんをはじめ、一緒に来た４頭のイルカも元気です。オキちゃん達は、日本最長飼育記録を更新中で、特にオキちゃんは、今でも元気にショーに参加し、かつての長寿沖縄県を今でも背負っています。

オキちゃん劇場の外に、実はもうひとつ日本初、そして世界初となった生き物を見ることができます。それがこの本の主人公であるマナティーです。マナティー館は、ウミガメ館とともに

マナティー館にいるマナティー
（国営沖縄記念公園〔海洋博公園〕沖縄美ら海水族館　提供）

にオキちゃん劇場のとなりにあります。

　みなさんは、マナティーを知っていますか。

　マナティーは水生の草食動物で、同じ仲間のジュゴンが沖縄の海にもいます。いずれも絶滅（ぜつめつ）の恐れのある絶滅危惧種（きぐしゅ）でしたが、アメリカマナティーはフロリダ半島を中心にした保護活動の成果で、近年その生息数が増え絶滅危惧種を脱することができました。しかし、将来、絶滅の恐れのある希少動物であることには変わりません。

　この貴重なアメリカマナティーのつがいが1978年、メキシコ政府から日本政府に寄贈される事になり、その飼育を、当時私が勤務していた国営沖縄記念公園水族館（沖縄国際海洋博覧会の政府出展施設）が担当することになりました。

　長野県の山国（やまぐに）育ちの私は、海に憧れて、千葉

沖縄に初めてやってきたマナティー　メヒコ（右）とユカタン（左）

県にある日本で初めてシャチを飼育した鴨川シーワールドに入り、海生哺乳類（鯨類、鰭脚類〔アシカ、アザラシ等〕）のほかペンギンの飼育調教を学んだ後、海洋博後の沖縄に赴任してきました。

沖縄ではサンゴ礁の生き物やジンベエザメ、マンタの飼育、イルカ類の飼育調教、そしてマナティーの飼育を担当しました。

私の半世紀近い水族館人生、すべてが思い出深く忘れられないものですが、その中で最も心に残っているのが、マナティーの人工保育です。このマナティーの初産が日本初の出産例で、かつ世界で初めての双生児出産確認例だったのです。初産のお母さんマナティーにとっても、私にとっても初めての体験でした。

ですからほんとうにいろんなこと、予期せぬことが起こりました。当時、沖縄にはマナティーや

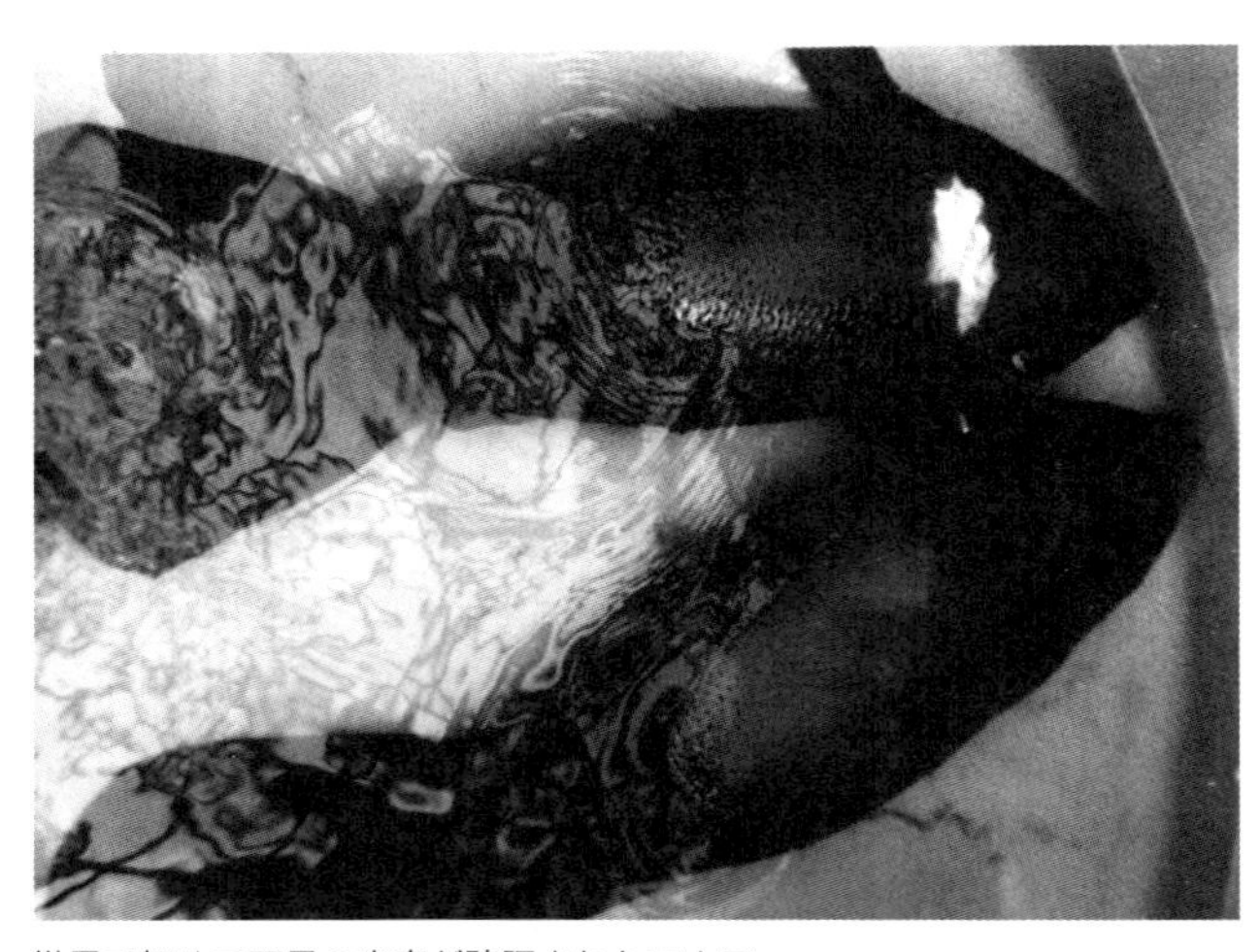

世界で初めて双子の出産が確認されたマナティー

イルカなど、水生哺乳類を診る専門の獣医はおらず、動物病院の設備も今ほど整っていなかったのです。

人工保育に成功したのは、3度目に産まれた赤ちゃんマナティーのときです。その赤ちゃんの状態が悪化したとき、私たちは、藁をもつかむ思いで、人間のお医者さんに相談しました。

心よく引き受けてくれた先生は、赤ちゃんマナティーを人間の赤ちゃん同様に診てくださり、懸命に治療してくれました。最新の医療機器を駆使して治療にあたり、私たち飼育スタッフも24時間態勢で人工保育しました。多くの方々がそれぞれの立場で応援してくださいました。

本書は、そのときの育児、治療にまつわるエピソードや貴重な記録をまとめたものです。

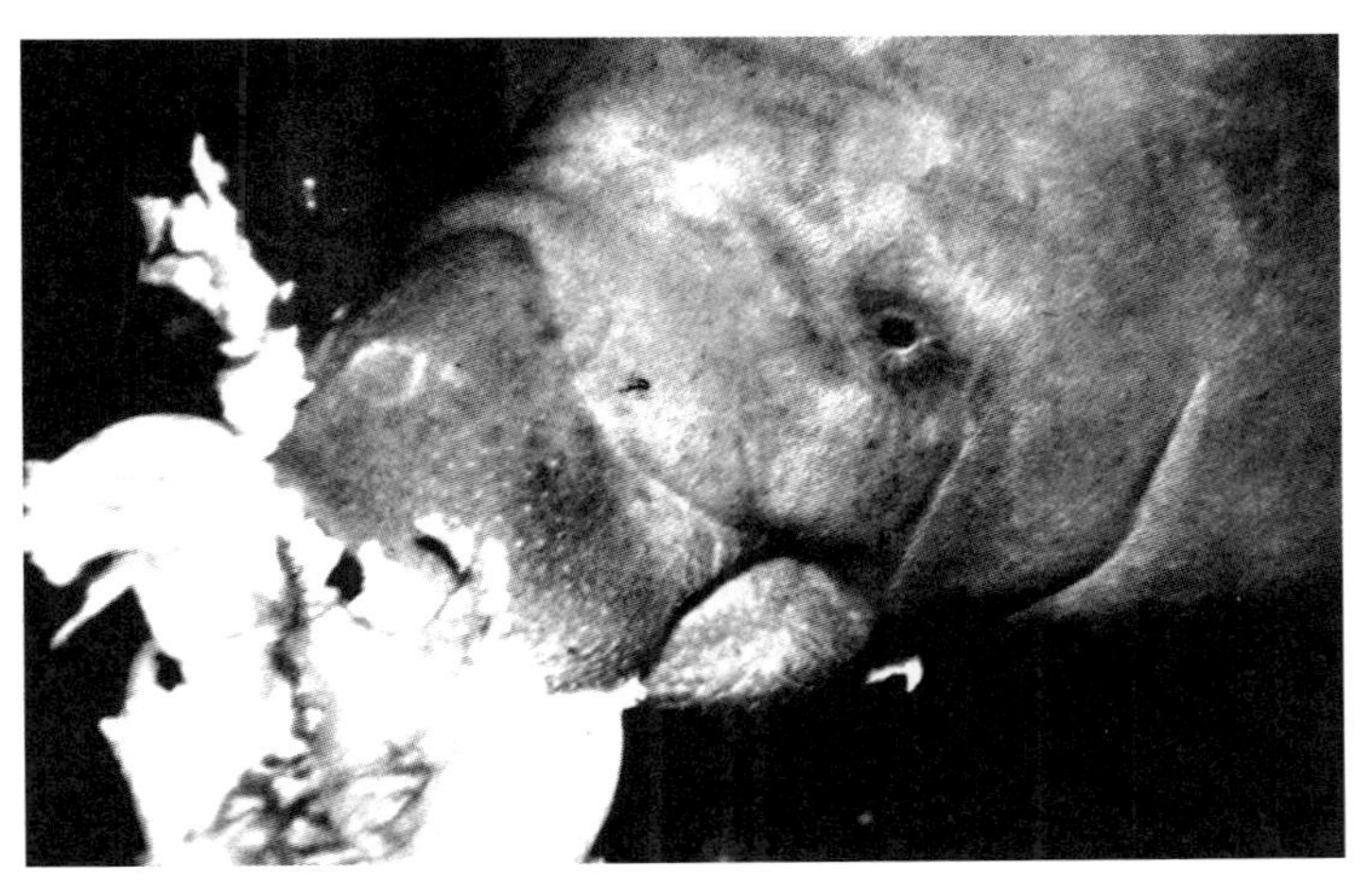

人工保育で育ったマナティーユメコ（まな子）は、人間のお医者さんに診てもらいＣＴ検査をした

遠くメキシコから沖縄にやってきたマナティー、そして沖縄の水族館で生まれ育ったマナティーが一生懸命生きるその姿を、これから人生を切り開いていく子どもたちはもちろんのこと、多くの方々に知っていただければ嬉しいです。また水族館動物園で実際飼育業務に携わっている、あるいはこれから携わるのを目標としている方々にも役立てていただけるよう、専門的な事柄をはじめ正確な数値の記載に心掛けました。

この本を通じて、みなさんがマナティーという愛すべき動物に興味を持っていただけるよう願っています。

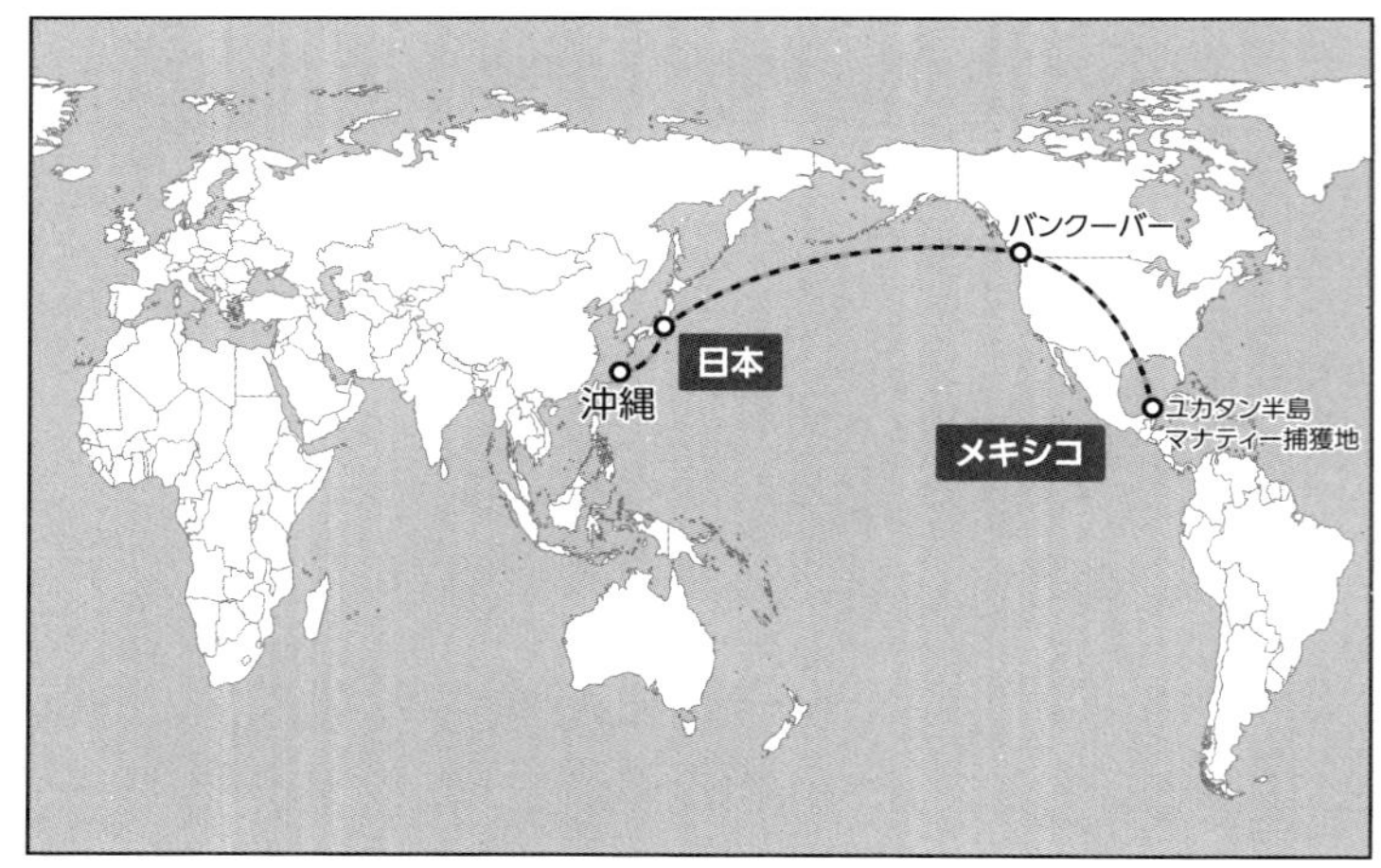

メキシコから沖縄にやってきたマナティー　輸送経路

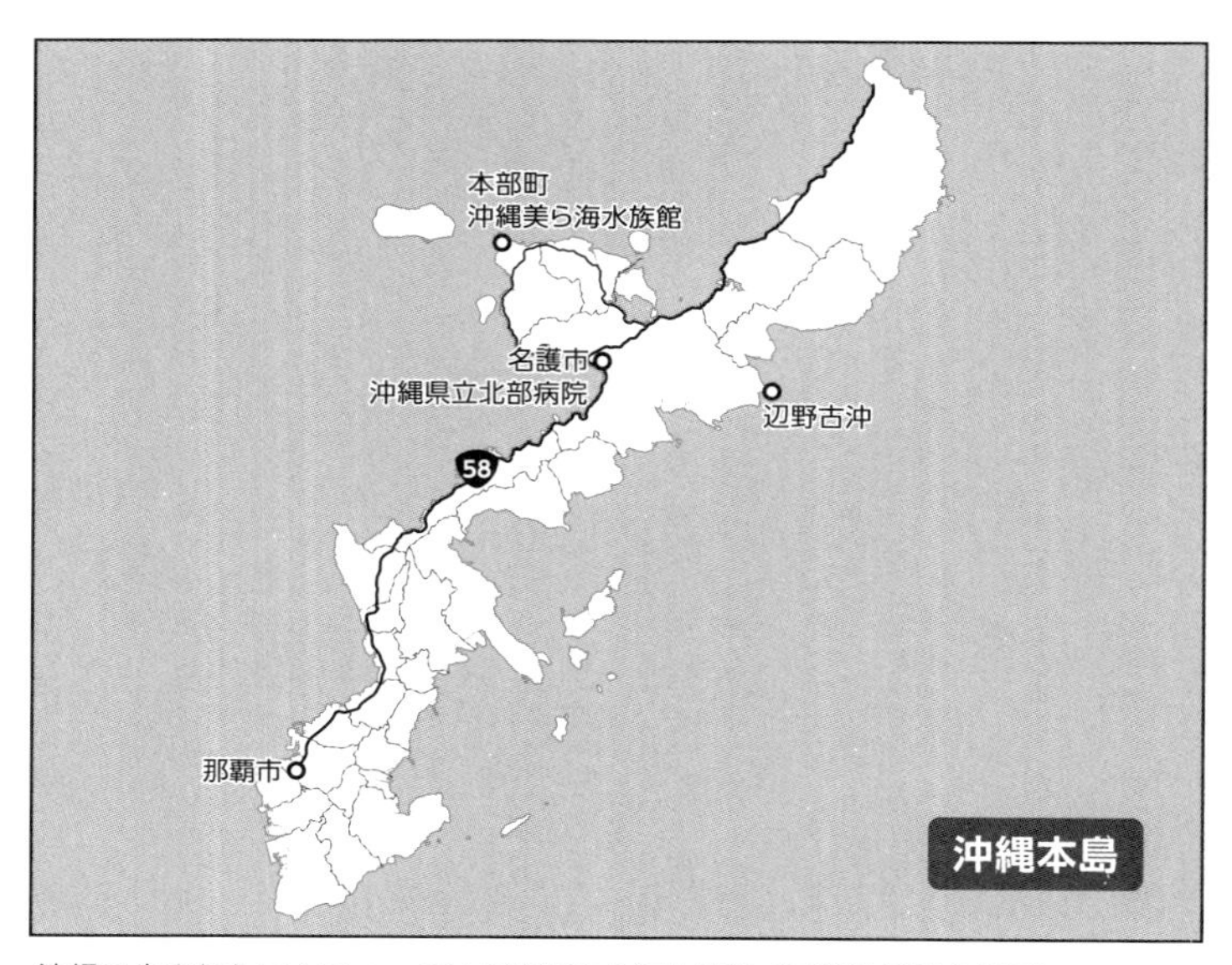

沖縄で生まれたマナティーのいる沖縄美ら海水族館〔国営沖縄記念公園〕

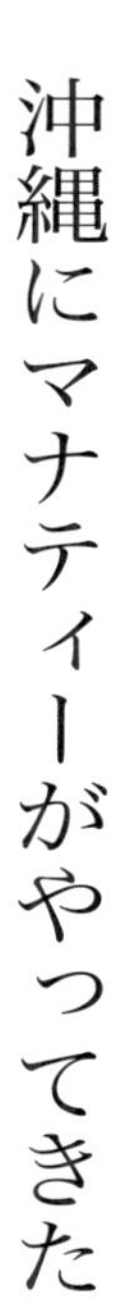

I 沖縄にマナティーがやってきた

マナティーとの出会い

私が初めてマナティーに会ったのは、東京多摩丘陵（たまきゅうりょう）にあったよみうりランド海水水族館（よみうりランドマリンドーム水族館　2000年11月5日閉館）でした。当時、私は千葉県鴨川（かもがわ）に建設中の水族館、鴨川シーワールド（1970年10月1日開館）に勤務したばかりの新米飼育員でした。

私を派遣（はけん）してくれたのは、鴨川シーワールド初代館長鳥羽山照夫博士でした。水族館のスの字も知らない私を「一人前の水族館人に育つように」という博士の親心からの派遣でした。

鴨川シーワールドは開館に備え、伊豆半島伊東市富戸でハナゴンドウというイルカを飼育していました。私はその飼育状況を見た後、東京近隣の水族館を見学しました。そのとき訪ねたのが日本で初めてマナティーを飼育した、よみうりランド海水水族館でした。

マナティーという動物は、今でこそ多くの人に知られていますが、当時は、ほとんど誰も知りませんでした。マナティーが初めて日本に来たのは、1968年11月18日のことです。よみうりランド海水水族館と東京農業大学アマゾン動植物学術調査隊によって、アメリカマナティー2頭、翌1969年7月11日には、アマゾンマナティー2頭がやってきました。[1]

写真１　イモムシが丸まって眠っているよう　（撮影 つまき♪）

マナティーを見せてくださったのは、飼育課長の園田成三郎さんでした。

マナティーたちは水底で眠っていて、その様子は、まるで巨大なイモムシが背中を丸め、うずくまっているようでした。

「ワー、でっかいイモムシ」

私には、そんなふうに見えました（写真1）。

園田さんは私をプールサイドに案内し、上がってきたアメリカマナティーにレタスを食べさせました。上唇を上手に使い、丸いレタスの葉を剥ぎとるように食べる動作は、まさに巨大イモムシで、決して可愛いとは思えませんでした。ましてやこのマナティーが人魚のモデルになっているなど、まったく知りませんでした。

私にはよみがえった古代生物のように感じられました。

人魚のモデルになったマナティー

写真２　コペンハーゲンの港の人魚姫の像

アンデルセンの代表作である『人魚姫』の悲しい物語はあまりにも有名です。コペンハーゲンの港にある人魚姫の銅像は、一目見ただけでとりこになってしまうほどの美しさです（写真２）。

この魅力的な人魚のモデルがマナティーやジュゴンだと言われてもピンときません。姿形があまりにも違います。水族館でマナティーやジュゴンを見て、人魚姫を思いおこす人はほとんどいないでしょう。

じつはマナティーの魅力は、ゆったりとした泳ぎ、時の流れを静かに楽しむようなのんびりとしたしぐさにあります。このしぐさは童話、メルヘンの世界を感じさせます。そういう意味でマナティーが人魚のモデルになるのは理解できますが、体形があまりにも違いすぎます。

ではいったい誰がマナティーを人魚のモデルにしたてたのでしょう。それは、ヨーロッパからやってきてアメリカ大陸を発見した、かの有名なコロンブスだと言われています。コロンブスたちは、長い航海の末、アメリカ大陸の西インド諸島にたどり着きました。その航海中に、彼らはバハマ沖でマナティーを実際に見ているのです。

私は大学4年の時、6ヶ月間の遠洋航海実習を経験しました（写真3）。男ばかりの生活です。出航から3ヶ月後にパナマに入港しました。そのときは3ヶ月振りに見る女性はすべて美しく見え、目が合っただけで胸が締め付けられました。

もしかしてコロンブスも、同じように長期の航海で女性の姿を長らく見ていなかったので、波間に見るマナティーの姿すら美しい女性に見えたのではないかと想像しました。

その後、私はマナティーを飼育するようになって、授乳体勢の写真や記述を目にしました。もしかしてコロンブスは、マナティーのお母さんが赤ちゃんにお乳を飲ませているのを見たのではないかとも思うようになりました。

写真３　遠洋航海実習時代の著者

マナティーとジュゴンの祖先は、なんとゾウと同じ仲間だったと言われています。その根拠の一つが乳首の位置です。マナティーもジュゴンもゾウと同じで脇(わき)の下にあります(2)。ためしにマナティーの顔にゾウの耳と鼻の形を付けてみると、マナティーがゾウらしくなって、祖先が同じというのも理解できそうです(写真4)。

マナティーの赤ちゃんがお乳を飲むとき、お母さんの脇の下の乳首にぶら下がる様にして飲みます。お母さんは腕を上げて脇を開け、赤ちゃんが乳首に吸い付きやすいようにします。もしそのとき、お母さんが少し体を横にしたとすると、赤ちゃんを片腕で抱えるような姿になるはずです。もしかしたらこのような姿勢のマナティー親子をコロンブスは見たのではないかと、勝手にイメージをふくらませました(絵1)。

しかし、コロンブスの航海日記を読んでいくと「波間を跳(は)ねる3頭の人魚を見、その姿は人魚姫のように美しくはなく、かろうじて人間のような顔をしていた」(1493年1月9日)という記述を見つけてしまいました。

この記述で、私の勝手な想像と、トキメキの青春時代の思い出は、あえなくくずれ去ったのでした。

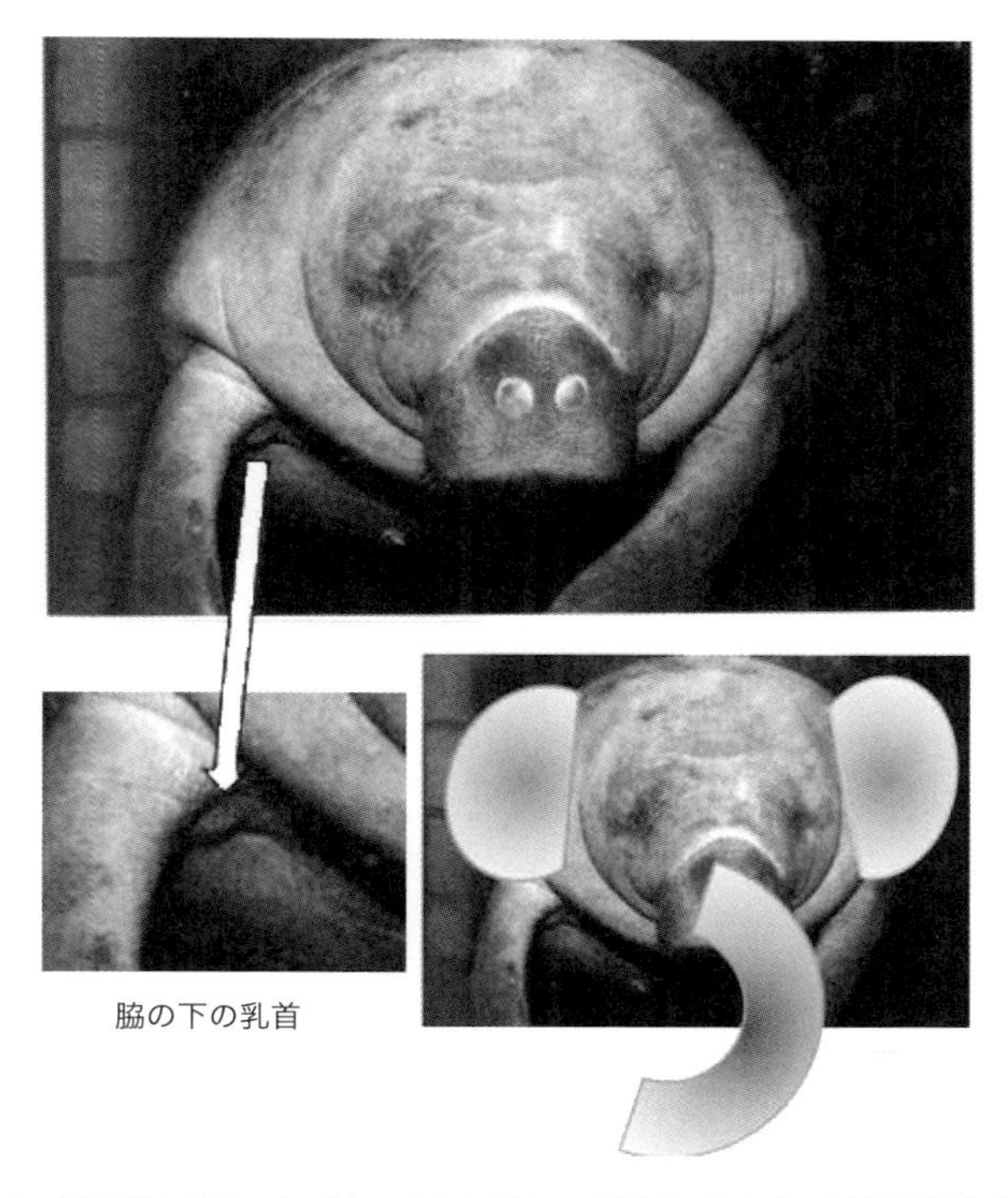

脇の下の乳首

写真４　耳と鼻を付けるとゾウのように見える（撮影、考案者　浜端宏英先生）

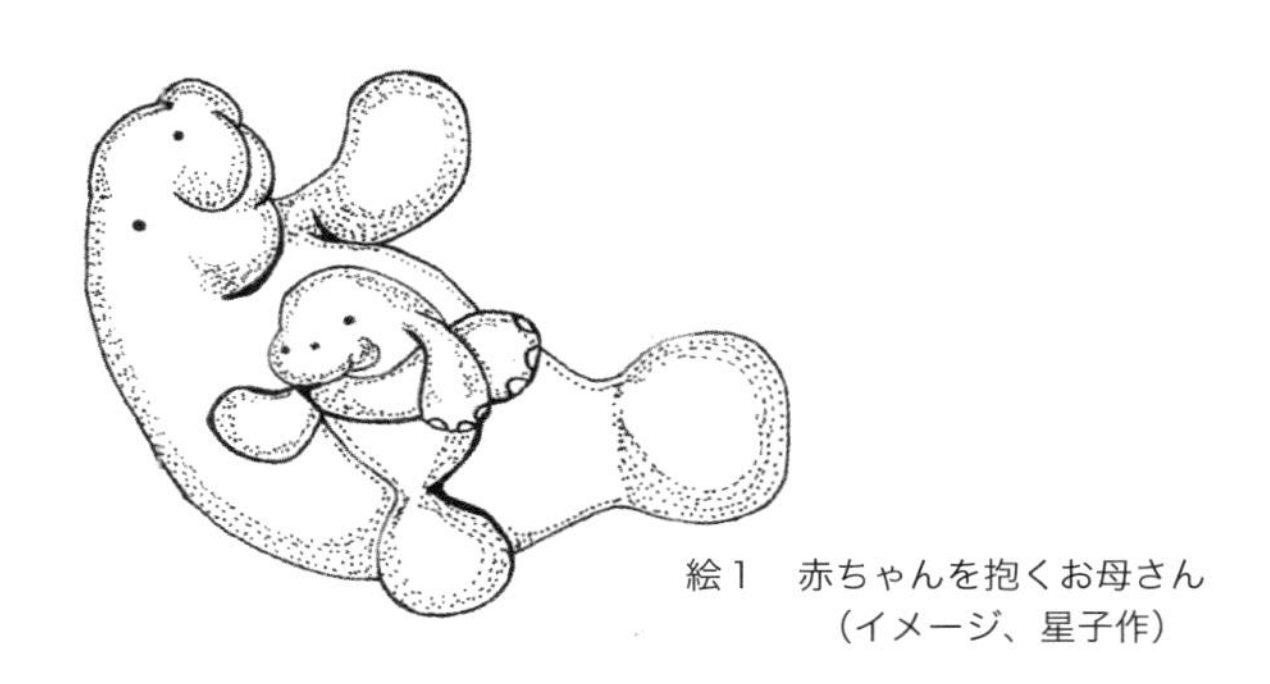

絵１　赤ちゃんを抱くお母さん
（イメージ、星子作）

写真５　アメリカマナティー

マナティーとジュゴンの違い

マナティーやジュゴンは、分類学的に海牛目（かいぎゅうもく）に属します。海牛という名前から想像がつくと思いますが、彼らは主に水生の草類を食べる水生草食動物です。

海牛目はマナティー科とジュゴン科に分かれ、マナティー科は1属3種、ジュゴン科は1属1種です。ジュゴン科には、絶滅したステラーカイギュウという種類がいました。

マナティー

マナティーには、アメリカマナティー、アマゾンマナティー、アフリカマナティーがいます。アメリカマナティー（生息域からフロリダマナティーとカリビアンマナテ

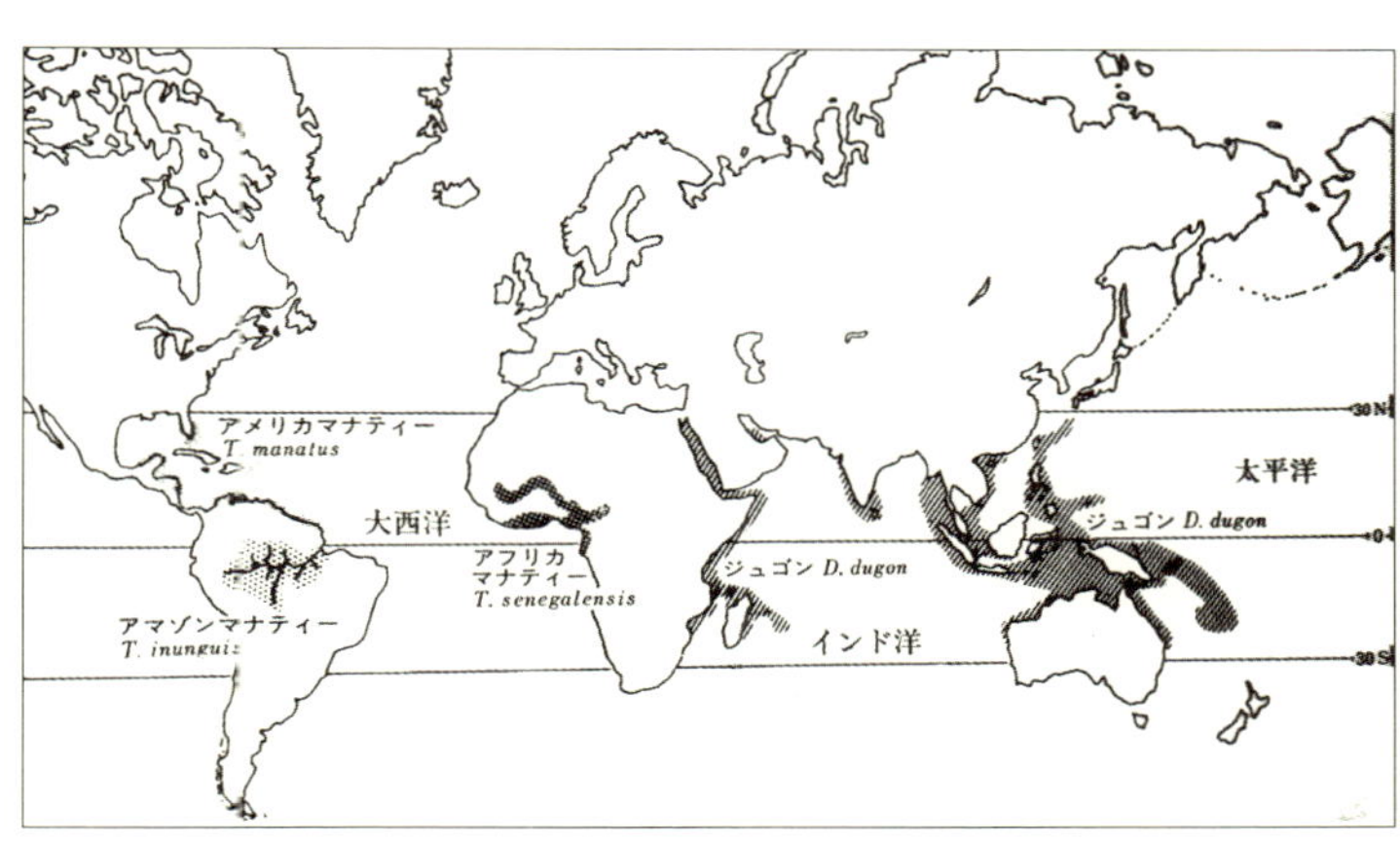

図１　マナティー、ジュゴンの生息分布図(3)

ィーの亜種に分けられる）は、生息域がフロリダ半島を中心にメキシコ、ベリーゼにかけて生息しています（写真5）。アマゾンマナティーはアマゾン河流域、アフリカマナティーはアフリカセネガル地方が生息域です。アマゾンマナティーは主に淡水域ですが、他のマナティーは淡水、汽水（きすい）、海水域と広範囲に生息しています（図1）。

野生ではホテイアオイをはじめ水生の植物や牧草を食べています（写真6）。飼育下ではレタス、キャベツ等の葉野菜をはじめ人参やバナナなども食べます。

形態的な特長は尾ビレが丸くしゃもじ型をしています。ここがジュゴンとの大きな違いで、ジュゴンの尾ビレは三角です（写真7）。マナティーの寿命は60～70年とほぼ人間と同じです。繁殖可能になる年齢は8歳くらいからで、妊娠期間は12～14ヶ月です。

アメリカマナティーの体長は240～350㎝（最

写真６　ホテイアオイ

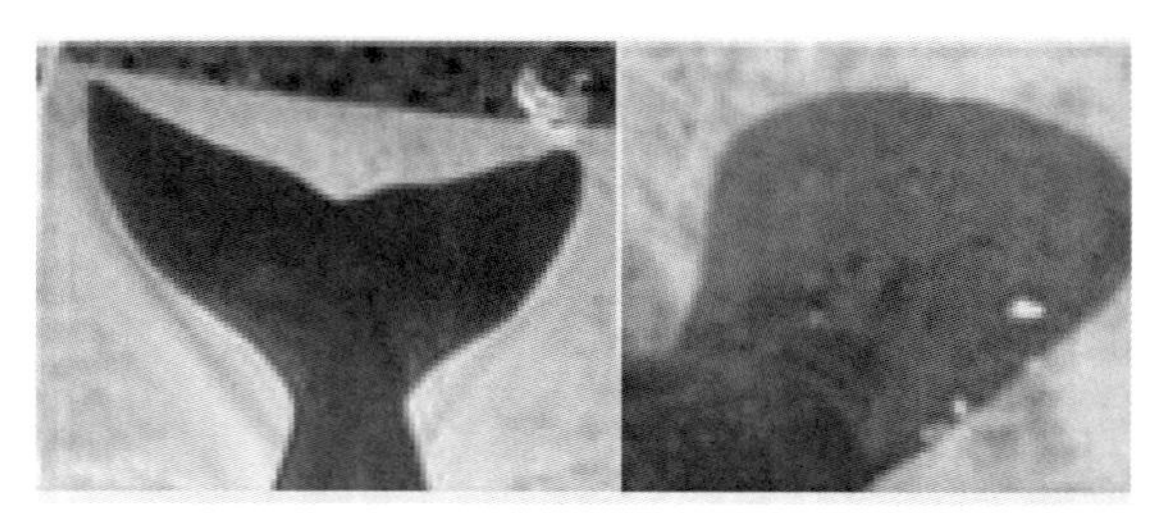

写真７　ジュゴン（左）とマナティー（右）の尾ビレ

表1　マナティーとジュゴンの違い				
種名	マナティー			ジュゴン
分類	海牛目マナティー科1属3種			海牛目ジュゴン科1属1種
	アメリカマナティー	アマゾンマナティー	アフリカマナティー	ジュゴン
形態				
体長(cm)	240～350	250～300	300～400	230～250
体重(kg)	200～600	350～500	200～500	250～300
尾ヒレ	しゃもじ型	しゃもじ型	しゃもじ型	三角型
前肢爪	3～4	なし	あり	なし
寿命(才)	60－70			70年
妊娠期間	12－14ヶ月		12ヶ月	13－14ヶ月
生息数	5000頭	3000頭	5000頭	20000～30000頭
生息環境	河川または沿岸域	淡水域	河川または沿岸域	浅い海域
生息海域	フロリダ半島・カリブ海	アマゾン水系	西アフリカ沿岸	インド洋、紅海、東シナ海
餌	水生植物、野菜、牧草	同じ	同じ	海草
	参考　ステラーカイギュウ亜科	ステラーカイギュウ（発見から27年間で絶滅） 生息地　アリューシャン列島　コマンドル諸島		

表１　マナティーとジュゴンの違い (3) (4) (5)

大450cm)、体重は200〜600kg(最大1600kg)になります(表1)。

ジュゴン

ジュゴン科はジュゴン1種で生息域は太平洋、インド洋、紅海、東シナ海ですが、生息数は激減しています(写真8・図1)。

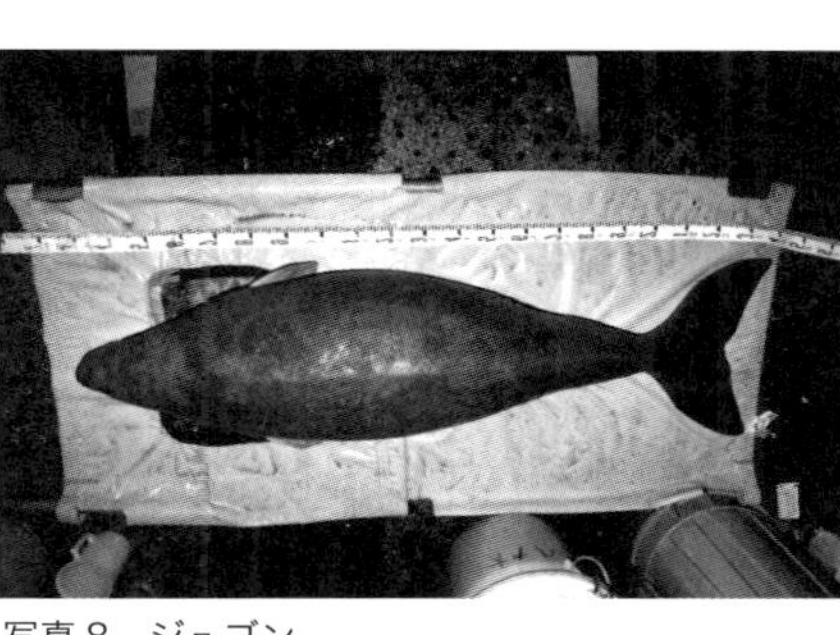

写真8　ジュゴン

沖縄のジュゴンは生息海域の北限にあたり世界的にも貴重です。沖縄のジュゴンが消えることは世界のジュゴン生息分布の減少を意味します。ですからなんとしても沖縄のジュゴンは守らなければなりません。しかし、2010年の調査ではわずか3頭(個体名A・B・C)しか確認されていませんでした。その後、2013年、2017年に渡名喜島、2018年には波照間島で親子のジュゴン、同年、南城市でも生息が確認され、細々ながら沖縄のジュゴンが生き延びていることがわかりました。しかし安心にできません。悲しいニュースもあります。

2010年に確認された3頭の内のB個体(雌)が2019年3月19日、今帰仁村運天港に死体で漂着しているのが見つかりました。このB個体は辺野古沖で確認されているC個体のお母さんです。この雌の死因は、オグロオトメエイの棘がお腹に刺さり腸を損傷したことによるようです。偶発的な事故による死亡ですが、とても残念です。雌の死は、その後の繁殖に大きく影響されますから、沖縄のジュゴンの行く先が案じられてなりません。

沖縄のジュゴンが生き延びていて欲しいのですが、それを脅かすような国家プロジェクトが進められています。多くの沖縄県民が反対するにもかかわらず、普天間基地の代替地として大浦湾辺野古崎の海岸を埋立てて、軍艦をも接岸できる巨大な新基地を作る工事が始まっています。

この海域にはジュゴンの餌である海生の種子植物のシシオニラ科アマモ類等の大きな藻場があり、ジュゴンが餌場として頻繁に利用しています（写真9）。埋立てで海岸地形が変わると海流が変わり、生態系が一変して、海草が消失してしまう恐れがあります。大浦湾の海草群生地は沖縄の海域では大きい方で、この餌場の消失は、ジュゴンにとって、大きなダメージになる事は間違いありません。

写真９　ジュゴンの食痕（名護市東海岸）撮影　細川太郎

ジュゴン科の中には、すでに絶滅したステラーカイギュウがいます（写真10）。この種類は、海牛類（かいぎゅうるい）の中で唯一寒帯（ロシア、カムチャッカ半島コマンドル諸島）に生息していました。しかし、発見からわずか27年間（1741〜1768）で絶滅してしまったのです。ラッコ猟をする毛皮商人やハンターが食料として乱獲したからです。おとなしく人を恐れないこの動物は、逃げるすべを知らず、傷ついた仲間をかばったとも言われています。沖縄のジュゴンもステラーカイギュウと同じ運命をたどらない事を祈ります。

写真10　ステラーカイギュウのスケッチ

尾ビレで空中一回転！〔マナティーを輸送する〕

さて、マナティーはどうして沖縄にやってくることになったのでしょう。メキシコ合衆国政府が、かつて中国にマナティーを寄贈したおり、その輸送を担当したのが日本航空でした。そのときの対応が素晴らしかったという事で、そのお礼に2頭のマナティーが日本政府に寄贈される事になったそうです。

写真 11　羽田受け入れスタッフと私（左端）

寄贈先について、日本動物園水族館協会（日本の主な動物園、水族館が加盟）から問合せがあり、当時唯一の国営水族館であり、受入れ可能な国営沖縄記念公園水族館（沖縄美ら海水族館の前身）に決まりました[6]。

羽田空港到着は1978年4月30日の予定で、羽田―沖縄間の輸送を受け持った私たちは、前の日に東京に入り、準備にかかりました（写真11）。

当時、沖縄便は少なく、羽田に到着したマナティーは一晩空港で過ごし翌朝、沖縄に向かうしかありませんでした。4月とはいえ羽田の気温は10℃を切る寒さです。亜熱帯に生息し25℃以上の気温が望まれるマナティーにとって、寒さ対策は大きな課題でした。仮設水槽を置いた格納庫には暖房がありません。水槽を覆うテントを二重にして外気を遮断しました。

テント内の保温に空港内からありったけの家庭用ストーブを集めました。それで何とか20℃以上を保つ事ができました。せっかくメキシコからやって来たのに、東京の寒さに触れ、肺炎にでもかかったら大変です（写真12・13）。

写真12　格納庫での準備

給水は、50メートルほど離れた給湯室から家庭用瞬間湯沸器で行いました。25℃以上の温水を準備しなければならないのですが、30℃以上のお湯を送っても50ｍの長い距離を通っている間に下がって25℃を保つのがやっとでした。給水能力も家庭用給湯器では限度があり、水はちょろちょろしか出ず、こんな調子で水深30㎝まで溜められるかとても心配でした。ちょろちょろしか出ない温水を眺め、いっこうに上がってこない水位にため息ばかりでした。

メキシコからの飛行機が到着し、雄雌とも生きていると第一報が届きました。ホッとする暇も無く、輸送用コンテナーが格納庫に入ってきました。コンテナーが停止するやいなや、私たちはコンテナーに飛び付き、水漏れ防止用ビニールをめくって中を覗き込みました。

雌のマナティーは２ｍを超える立派な体型でした。しかし一緒にやってきた雄を見て唖然としました。

「なんだこれは……」

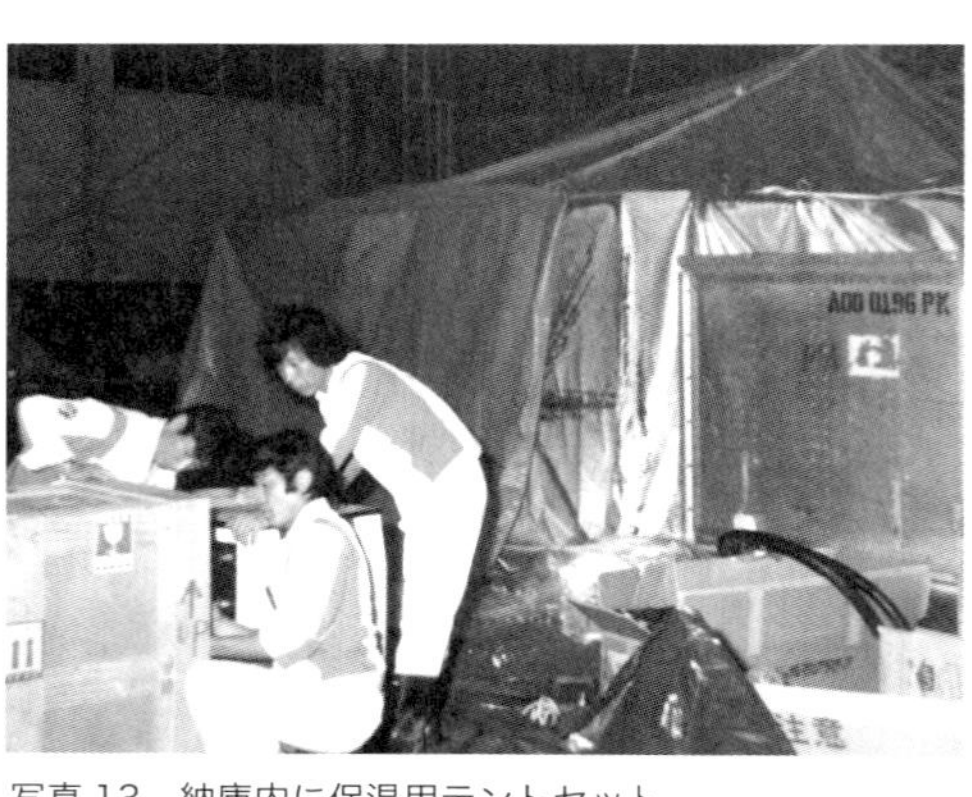

写真13　納庫内に保温用テントセット

メスと同じくらいの大きさと連絡を受けていた雄でしたが、雌に比べてあまりに小さく、生まれたばかりではと思えるほどなのです。まだ完全には離乳していなさそうです。

それでも戸惑（とまど）う暇はありません。翌日には沖縄に移動しないといけないので、その準備にとりかかりました。

まずマナティーを狭いコンテナーから、人力で仮設水槽に運び入れます。メキシコからの長旅に耐えたマナティーを泳がせ、少しでも疲れを取ってやらなければなりません。

雌を運び込む作業中のことでした。やっと尾ビレが水槽に入りました。私はホッとして気が緩み、尾ビレの上をまたごうとしたその瞬間、

「アッ！」

何が起きたかわかりませんでした。

雌が尾ビレを大きく跳ね上げ、一瞬、私の体は宙を舞い、空中で1回転し、そのまま雌の頭

のすぐ前に着地するように足から落ちたようです。体操競技でいうところの、宙返りからの着地です。一瞬の出来事で、私は跳ね上げられた記憶がまったくありませんでした。それで、何事も無かったかのように、そのまま仕事を続けました。まわりの係員はあっ気に取られたそうです。

後になって跳ね上げられた様子を係員から聞いてわかったのですが、私がもし雌の体の上に落ちていたら大変な事になっていたかもしれません。小柄な私でも40kg以上はあります。その私が、雌の体の上に落ちたら、彼女はその衝撃（しょうげき）にビックリし、ふたたび暴れたでしょう。狭い水槽の中には大勢係員がいましたから、他の係員も巻き添えになって尾ビレの一撃をくらう可能性もありました。

マナティーの尾ビレの力は大変なものです。当たりどころが悪ければ、命にかかわる可能性もあります。武器を持たないマナティーは、この強力な尾ビレを使って逃げる事が唯一の武器なのです。その力は並大抵ではありません。今回、私は怪我（けが）もせず飛ばされただけで済みましたが、尾ビレの上をまたいだのは私の大変な不注意でした。

この事があってから、私を含め係員全員に尾ビレには近寄らないよう徹底しました。

いよいよ沖縄へ〔ジュゴンの水槽に搬入されたマナティー〕

写真14　沖縄に向け出発、積み込み

翌日5月1日早朝、2頭のマナティーはふたたびコンテナーに収容され、沖縄に向け出発しました（写真14）。私たちスタッフも一緒の飛行機で3時間ほどかかります。

那覇空港に到着直後、私は先に本部町の海洋博記念公園水族館に向かいました。マナティーが飼育される施設がどうなっているか確かめる必要があったからです。

到着した2頭のマナティーの状態が気になっていましたが、確認する暇（ひま）はありません。

収容予定の施設は、海洋博当時ジュゴンが飼育され、その後ウミガメの展示施設として使用されていました。ジュゴンは沖縄近海に生息しているので、施設といっても水槽があるだけでした。水槽の大きさは、長径12m、短径7m

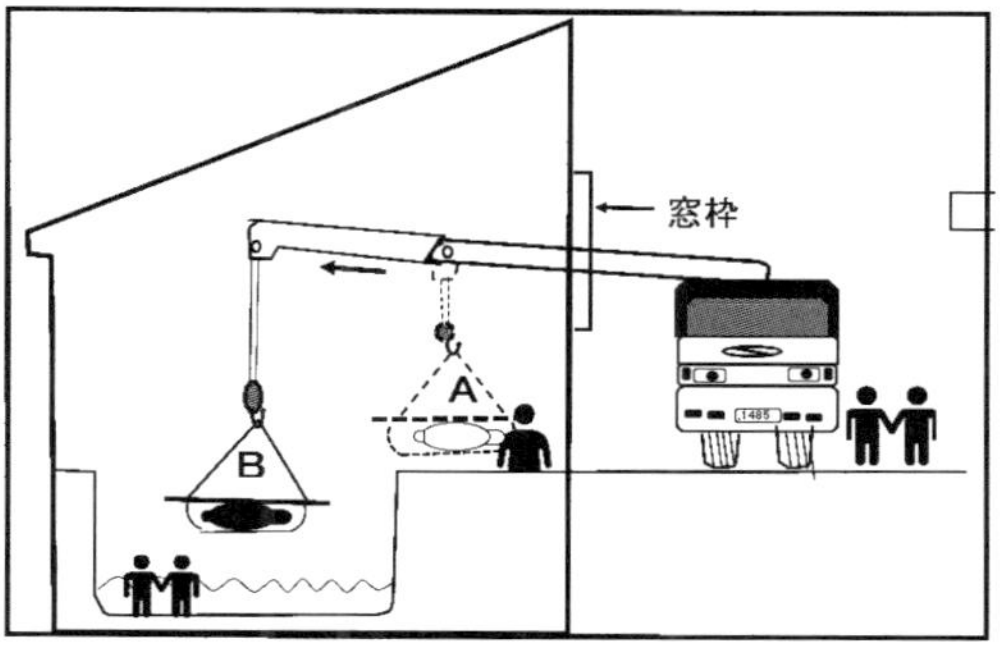

の楕円形で水深は３ｍ、容積１８０トンです。

沖縄より温かい地域に生息するマナティーを飼育するという事で、急ぎ水槽を建物で覆い、水温と室温の調節機能を備えました。あまりにも急にマナティーがやってくることになったので、仮設的な準備しか出来ず、マナティーを水槽にどうやって運び入れるか、その方法を考える余裕がありませんでした。しかし２００kgを越えるマナティーを、人力で水槽内に運び入れることは不可能です。

羽田到着時の情報では、あらかじめ建屋の扉とその上の窓ガラスを取り外し、クレーンのアームを窓枠から建屋内に差し込み、水槽上部までアームが伸ばせるようにしてあるそうです。

図２　マナティー館搬入方法

搬入方法を説明すると、人力でマナティーを建屋内に運び込み、Ａ地点でクレーンに吊り、その後アームを水槽上部のＢ地点まで伸ばし水槽内に下ろそうというのです（図２）。理論的には可能ですが、その状況を確認するため、私はマナティーの様子も見ず、水族館に向かいました。

空港からひとり水族館に向かう車中、無事2頭が着いたか心配でした。当時、携帯電話など無い時代でしたから、途中で状況を知る事は出来ません。

1時間半後、水族館に着き、搬入予定の建屋を見にいくと、ユニッククレーンのアームが建屋の窓を突き抜け設置されていました。アームの角度はほとんど水平で、この状態で２００kgを越えるマナティーを吊り上げるのは少し危険なように見えました。

ユニッククレーンの操作マニュアルでは、荷物を釣る場合、アームを一定の角度以上にしなければなりません。もしかしたら操作マニュアルを無視したやり方だったかもしれません。でも誰もそのことに触れる人はいませんでした。マナティーを無事搬入するにはこの方法しかないのです。受け入れ側の責任者は、海獣係長の松崎健三君でした。周到（しゅうとう）な準備を整えてくれた松崎君にあらためて感謝です。

しばらくして、心配していた2頭が海洋博記念公園に到着しました。すると那覇空港から付き添ってきた館長の内田さんが、トラックの上から「雄はだめだと思う。雌は大丈夫だから雌の方から水槽に入れよう」というのです。雄はほとんど動かないようです。

トラックの荷台に上がり、雌と雄を見比べました。雄は羽田で見たときよりもっと小さく見えました。ですが、鼻先の小さな呼吸孔の丸い弁は、呼吸するたびに規則正しく開閉していました。

なぜ雄がだめなのか、私にはわかりませんでした。多分、飛行機からトラック輸送に変わって、走行スピードの変化や急停止、急発進など、飛行機にない振動が小さな雄を動揺させ、呼吸が乱れ、一時的に危険な状態になったのかもしれません。館長はその様子をご覧になられたのでしょう。公園到着後に私が見たときは、雄はようやく落ち着きを取り戻していたのかも知れません。

雌は、予定されていた手順で、建屋のなかの水槽にスムーズに収容できました。問題はなさそうです。しかしその後に雄を水槽内に入れるときは、より慎重を期しました。もし雄が衰弱状態なら泳げないかも知れません。

私は鼻から水が入らないよう体を水中で支え、一回呼吸をさせた後、ゆっくり水の中に置くようにして放しました。雄は慌てる様子もなく自力で呼吸し、落ち着いています。

私は水中マスクを付け、雄の様子を観察しました。

雄は丸いビーズのような目でこちらを見ていました。ゆっくり餌のホテイアオイを差し出すと興味を示します。しかし葉が鼻面(はなづら)に触れると頭を下げ素早く拒否しました。

私に、このときすぐにホテイアオイを食べさせようと思ったわけではなく、雄の反応を見たかったのです。衰弱(すいじゃく)しているように見えた雄ですが、素早い拒否反応と、こちらを見る眼の力強さから、彼がそれほど衰弱していないことを読み取りました。

鯨類（げいるい）研究の世界的権威である西脇昌治先生（東京大学海洋研究所所長（現東京大学大気海洋研究所），退官後琉球大学教授）は、そのときの私のやり方をご覧になられ、長旅直後の野生動物が餌を食べることはない、あせり過ぎではないかとのご感想を持たれたようです。傍目（はため）にはそう見られても仕方ないことですが、弱っていると思われ、「だめだ」と思われている動物の状態を、私は正確に知る必要があったのです。

メヒコとユカタン

この2頭の愛称は西脇昌治先生から頂きました。雌はメヒコ、雄はユカタンです（写真15・16）。愛称の由来はさすが国際人の先生が考えられただけあって、スケールが違うと思いました。

メキシコの事を、スペイン語で「メヒコ」と言います。メキシコのメヒコと日本の女性の名前に「子」が付くことから語呂（ごろ）合わせして、雌の愛称を「メヒコ」としたそうです。「メヒコ」は言葉の響きから、ラテンアメリカの情熱あふれる女性のイメージと女の子らしい優しさも感

写真 15　搬入後落ち着いたメヒコ（右）とユカタン（左）

写真 16　餌を待つメヒコ（左）とユカタン（右）

じられる良い愛称だと思いました。

雄はまだ子供で、捕獲されたのはユカタン半島の付根(つけね)タバスコ州とチャパス州の州境を流れるウスマシンタ水系にあるサンホアン湖でした[7]（図3）。日本の幼児言葉に自分の事を「ぼくたん」というのがあります。「ユカタン半島」の「ユカタン」という言葉の響きが日本の幼児言葉「ぼくたん」に似ていることから、この二つの意味を合わせて雄の名前を、「ユカタン」としたそうです。私はこの二つの愛称がとても好きでした。言葉の持つ響きと由来が素晴らしいと思いました。

メヒコとユカタンが日本に来たのは１９７８年４月、当時メヒコの体重が２５０kg、体長２４５cmで、ユカタンは体重が67kg、体長１５４cmしかありませんでした。年齢は推定でメヒコが７歳、ユカタンは生後６ヶ月程度と思われ、ユカタンはまだ離乳していなさそうでした。

２年後の１９８０年、メヒコの体重は30kgも増え２８０kgになっていました。ところがユカタンはほとんど成長せず体重が僅か４kg、体長は１cmしか伸びていません。普通なら育ち盛りのはずです。何故成長しないのでしょうか。

ユカタンは、野菜だけでは成長に必要な栄養が摂(と)れていないと思われました。入社間もない宮原弘和君（現・美ら海水族館館長）は、これを何とかしようと懸命でした。

彼は試行錯誤(しこうさくご)の末、犬用ミルクのエスビーラックをペースト状にしてホテイアオイの茎に詰

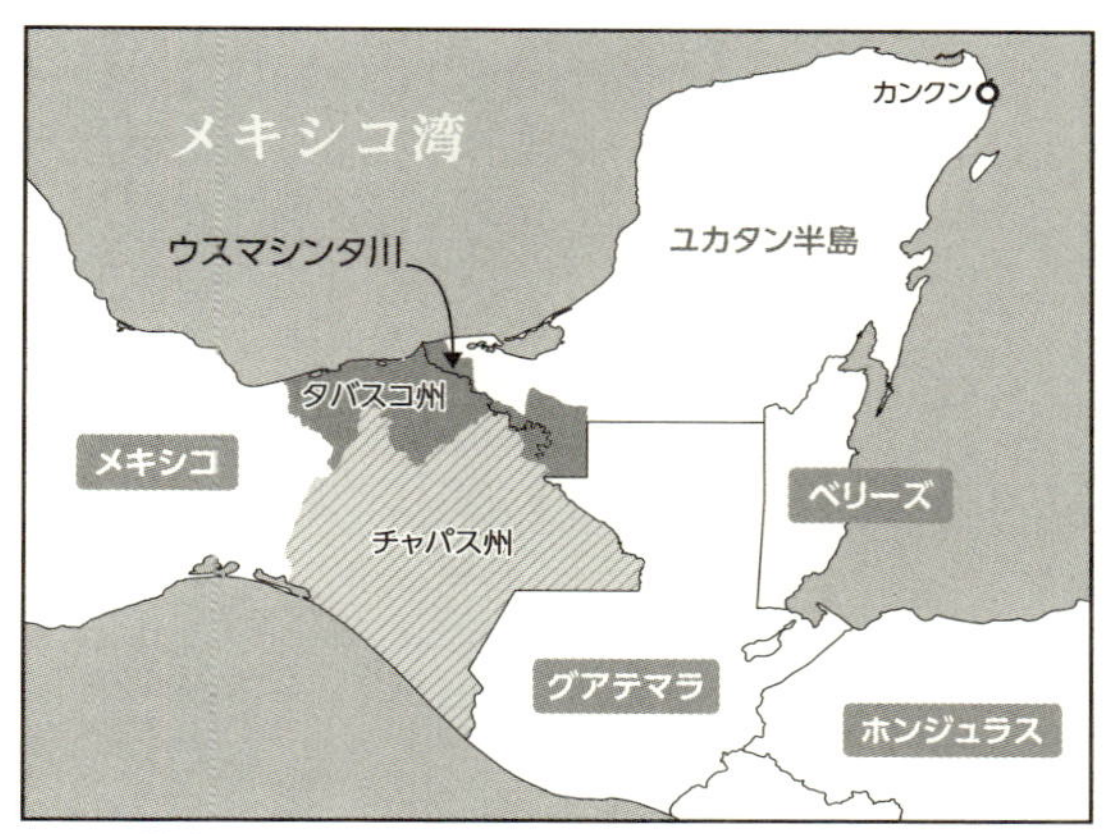

図３　捕獲地ユカタン半島ウスマシンタ川

写真 17　ホテイアオイの茎にエスビーラック（犬用ミルク）を詰める（再現）

個体名		1978	1980	1987
メヒコ	体　長（cm）	245	245	258
（雌）	体　重（kg）	250	280	400
	年　令（才）	7（推）	9	16
ユカタン	体　長（cm）	154	155	203
（雄）	体　重（kg）	67	71	230
	年　令（才）	0.5（推）	2	9

表２　親マナティー（メヒコ、ユカタン）の体長、体重変化

め与える方法を考案しました（写真17）。

はじめユカタンはなかなか食べてくれませんでした。しかし、宮原君の粘り強い努力がみのり、少しずつ食べるようになりました。

その結果、体重も体長も増え、7年後の1987年には体重が230kg、体長が203cmになっていました。

この年はメヒコが初めて妊娠し、出産した年で、メヒコは体重が400kg、体長258cmでした（表2）。

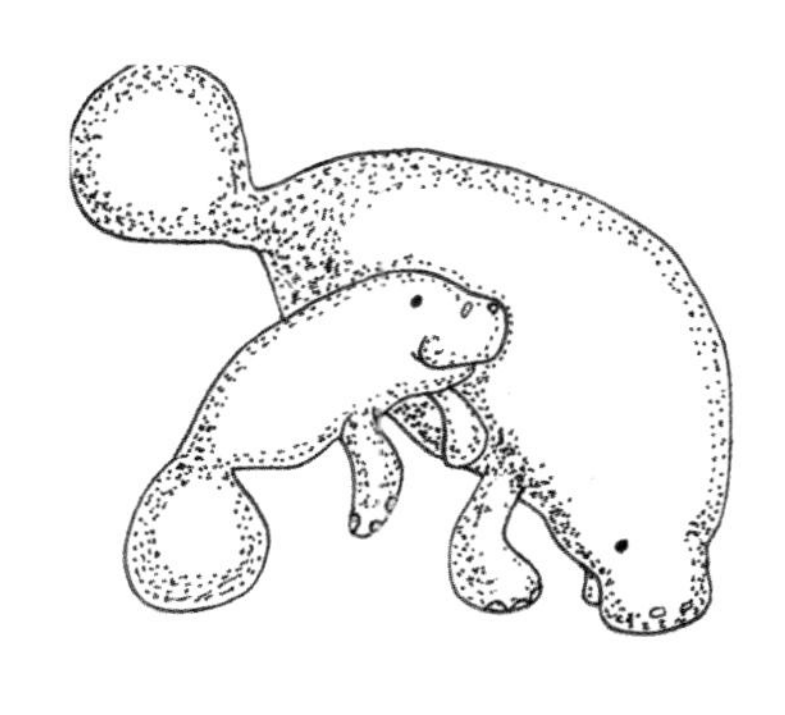

II

メヒコ、初めての出産

熱帯ドリームセンターへお引っ越し

２頭がメキシコからやって来た当初、飼育していたのは、海洋博が開かれていたときにジュゴンが展示されていた施設でした。その施設を急きょマナティー用に改修しました。その後２頭は１９８５年４月30日に、当時建設中だった熱帯ドリームセンター（１９８６年2月開園。写真18）のビクトリア温室に移動しました。この施設は、オオオニバスなどアマゾン河水系の植物を展示していて、その一部が水槽になっていました。

この水槽にマナティーを展示する事になったのは、水辺にあったインカ帝国が水没し、そこにマナティーが住み着いたという設計者の発想からだそうです。

ですから展示槽は、インカ帝国の遺跡（いせき）らしく、水槽

写真 18　熱帯ドリームセンター（国営沖縄記念公園〔海洋博公園〕提供）

内に階段があり、四隅(よすみ)は直角、壁も直角の凹凸があり、おまけに水中に2メートルちかい庇(ひさし)のような張り出しがありました（図4）。ここに居るマナティーがいかにもインカ帝国の住人という感じを出そうという演出です。もっとも、アマゾン河に生息するのはアマゾンマナティーで、メヒコとユカタンの2頭はアメリカマナティーですから、設計者の発想は、ずれているのですが。

当時、水槽の階段、壁の凹凸、そして水中に張り出した庇が出産、育児に大きな障害になるとは、誰も予想していませんでした。

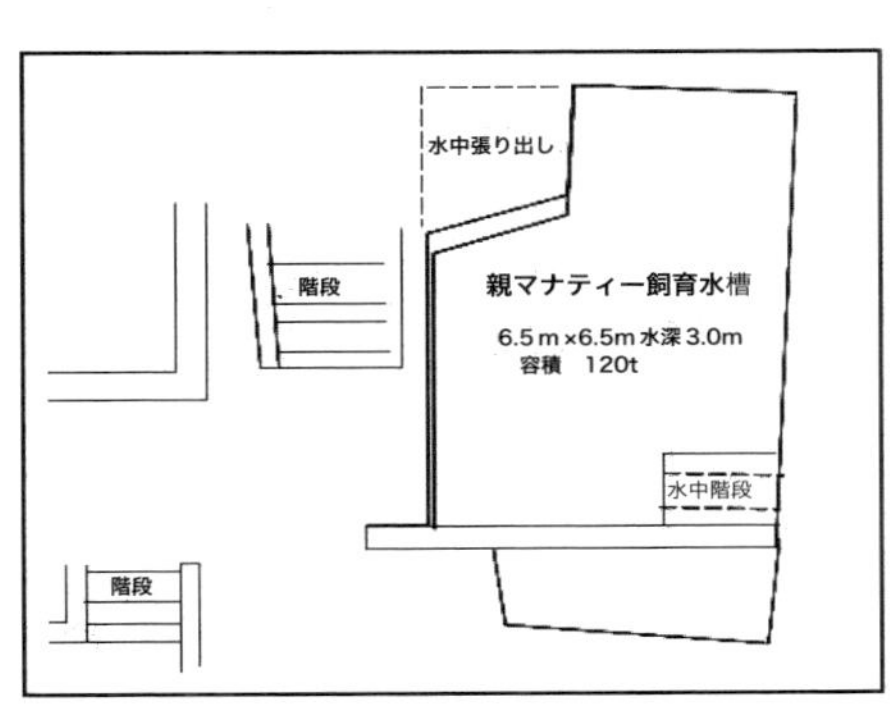

図4　マナティー飼育水槽（平面図）

国内初、マナティーのお産がはじまった！

1987年4月5日のことです。「虫が知らせる」という言葉があります。何かの出来事を予感することをいうのですが、私は動物との長い付き合いの中で、この「虫が知らせる」を何度も経験しました。このときもそうでした。

帰宅しようと水族館を出て車を走らせ、帰宅路とマナティーを飼育しているドリームセンターとの分岐点に来たときでした。正に「虫が知らせた」のでしょう。三叉路を左に折れれば帰宅路、直進すればドリームセンターです。帰宅しようと思っていた私は、何故か無意識の内に直進していました。

(ここまで来たならマナティーを見て帰ろう)

そう思って車をそのまま走らせました。

昼間、職員からメヒコの食欲が少し落ちているという報告を受けていました。今考えると、直進したのはその言葉が無意識のうちに気になっていたのかも知れません。

マナティー水槽の前に立つと、水槽は真っ暗でほとんど何も見えません。観覧室のわずかな明かりが、ガラス面を照らしていました。

しばらくすると、メヒコが私にお腹を見ろとでもいうように、お腹をガラスに押し付け通過しました。その一瞬、メヒコの生殖孔から乳白色の粘液らしき物がにじみ出ているように見えたのです。

(あれ、なんだ……?)

もし粘液だとしたら、出産の兆候です。

急いで懐中電灯を取りに水族館に戻りました。ほんの一瞬でしたから、それを確かめる必要があります。

メヒコがガラス面を通過するのを待ち、気付かれないように懐中電灯で生殖孔を照らしました。すると間違いなく生殖孔の割れ目から乳白色の粘液がにじみだし、羊膜の一部でしょうか、白い膜状の物も見えました。

（お産だ！）

頭に血がのぼり、思わず叫びそうになりました。

急いで職員に緊急集合をかけ、徹夜の観察態勢をしきました。

じつは、メヒコが妊娠している事は、お腹が大きくなっていたのでわかっていました。しかし、いつお産がはじまるかは全く見当がつきませんでした。

妊娠しているのがわかっていても、マナティーの妊娠期間が12〜14ヶ月と幅がある事と、交尾の確認がなく、いつ受胎したかわかっていませんから、お産日の特定が出来ませんでした。[8]

イルカではお産直前、一時的に食欲が落ちる事がよくあります。昼間、係員からメヒコの食欲が少し落ちているという報告を受けていたのですが、その事とお産とを結びつけて考えてはいませんでした。お産の兆候を見落としていたのです。

メヒコを刺激しないようにしながら、水中の様子が観察出来るよう、水上の照明を少し明るくしました。

マナティーの出産は日本では例がなく、もちろん私も初めてです。職員が緊張して見守るなか、時間がたっていきます。

観察を始めて7時間を過ぎても、生殖孔の隙間(すきま)が少し開いた程度で、変化はほとんどありません。初めてのお産で産道がなかなか開かないようです。こんなに時間がかかるのは難産に間違いありません。

メヒコはゆっくり水槽壁にそって泳いでいます。観察から7時間18分がたったときです。急に生殖孔の開きが大きくなりました。それから時間を早送りしたように変化が激しくなりました。白い羊膜は風船がふくらむようにみるみる大きくなり、一見するとお腹に白い風船をくっ付けたように見えました（写真19）。

写真 19　バレーボールくらいに膨らんだ胎盤

最初はまんまるでソフトボールくらいだったのがバレーボール大になり、それからは大きくなるにつれ長くなってきました。まるで巨大な白いウインナーソーセージをお腹にくっつけているようです。

メヒコの呼吸間隔と泳ぎ方を記録しながら羊膜の出方を目測(もくそく)で計りました。直径40㎝、長さ80㎝くらいになったでしょうか、観察を始めて7時間26分がたっていました。羊膜の風船が、さらに大きくなって、メヒコのお腹にぶら下がるようになったときでした。

尾ビレの先端と思われる尖(とが)った部分が、真っ白い羊膜の中で、じわりと押し出されるのが見えました。メヒコは大きく体を反転させました。

その瞬間、羊膜の風船がはじけ、赤ちゃんが勢いよく水面に泳ぎあがるのが見えました。

「生まれたー！」

全員が赤ちゃんの行方を追いました。

赤ちゃんは無事水面にたどり着き、生まれて初めての呼吸をしました。人間で言うと産声(うぶごえ)です。その後いったん潜って、次に呼吸をしようとしたそのとき、大変な事が起きました。

この水槽はインカ帝国の遺跡がアマゾン河に水没したという設定で作られ、壁には直角の凹凸があり、おまけに水中に2メートル近くも庇(ひさし)のような張り出しがありました。赤ちゃんはその一番奥に入り込んでしまったのです（図5）。

赤ちゃんは必死で水面を探し、もがいています。

しかし、そこには空気はありません。このままでは赤ちゃんは呼吸できません。

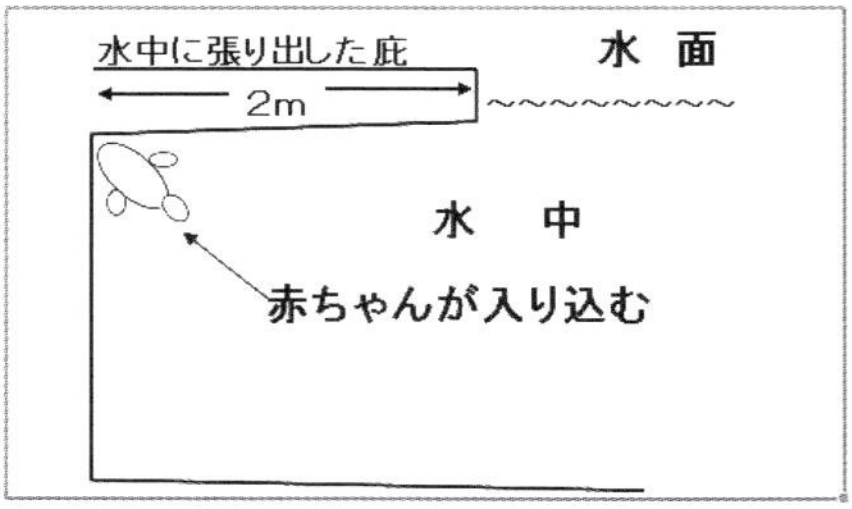

メヒコはまったく気づいていません。

（大変なことになった）

私はとっさに階段を駆け上がり、服を着たまま水槽に飛び込みました。そして赤ちゃんが入り込んだ庇の下に潜り込みました。水中眼鏡などしていませんから、視界はほとんどありません。おぼろげながらうごめいている赤ちゃんを見つけ、腕をつかんで引っ張り出しました。そして、ふたたび赤ちゃんがそこに入り込まないよう、庇の前で立ち泳ぎをし続けました。

そのときです。私のすぐ横になにやら別の小さな物体がいきおいよく水面に跳び出てきたのです。一瞬、それが何なのかわかりませんでした。しかし、すぐ別の赤ちゃんだと気付きました。それは最初の赤ちゃんが生まれて、わずか4分後のことでした。

メヒコは双子を出産したのです。

誰も予想していませんでした。しかし、驚いている暇はありません。とりあえず2頭を私と係員が抱いて保護し、水中の庇が水上に出るまで急いで水位を下げ、赤ちゃんがその下に入っても呼吸が出来るようにしました。

水中に張り出した庇
2m
水　面
水　中
赤ちゃんが入り込む

図５　マナティー飼育水槽（断面図）

世界初、双生児（そうせいじ）出産を確認

後でわかったことですが、双子の赤ちゃんは雄と雌で、体重は雄が16kg、雌が14kgでした。通常、飼育下での新生児の平均体重は34kgと言われています。[9] 双子はその半分しかありません。しかし、2頭ともとても元気でした。

これまでマナティーは、まれに双生児（そうせいじ）を生むと言われていました。その根拠として、ボートと衝突して死亡した巨大な雌を解剖したところ、双生児が検出された事例があげられます。[10]

別の事例として、野生のマナティーが双生児と思われる同じくらいの赤ちゃんに授乳しているのが観察されています。[10] しかし、この目撃された2頭が双子である確証はありません。なぜなら、孤児になって保護されたマナティーの赤ちゃんの面倒をみた雌のマナティーがいるからです。マイアミシークアリウムのジュリニットは、孤児のJ・P（ジャン・ピエール）の面倒を自発的にみて、無事に育てたという話は、私がマイアミシークアリウムを訪ねたとき、飼育員から直接聞きました。彼、J・Pは、少し痩（や）せ気味でしたが、立派に育っていました。[11]

この例から考えると、野生でも同じ事が起きる可能性があります。赤ちゃんを2頭連れていたというだけでは、双子とは言いきれないのです。

今まで、双子の出産観察例はありませんでした。今回、水槽のなかで2頭が元気に生まれたことで、世界で初めてマナティーの双子出産が確認されたのです。これは学術的にとても貴重なことでした。

頭が先か、尾ビレが先か？［新生児の分娩体位］

マナティーの出産では、赤ちゃんは尾ビレから生まれてくるのか、それとも頭からなのか、あまりよくわかっていません。

陸上動物では、通常頭から産まれてくるのですが、水中分娩のイルカ類は尾ビレから生まれるのが正常分娩と言われています。私が飼育係になったばかりの40年前、その理由を先輩飼育員から聞きました。

「もし頭が先だと、水中では呼吸できないし、呼吸したら水を吸って溺れてしまうだろう。だ

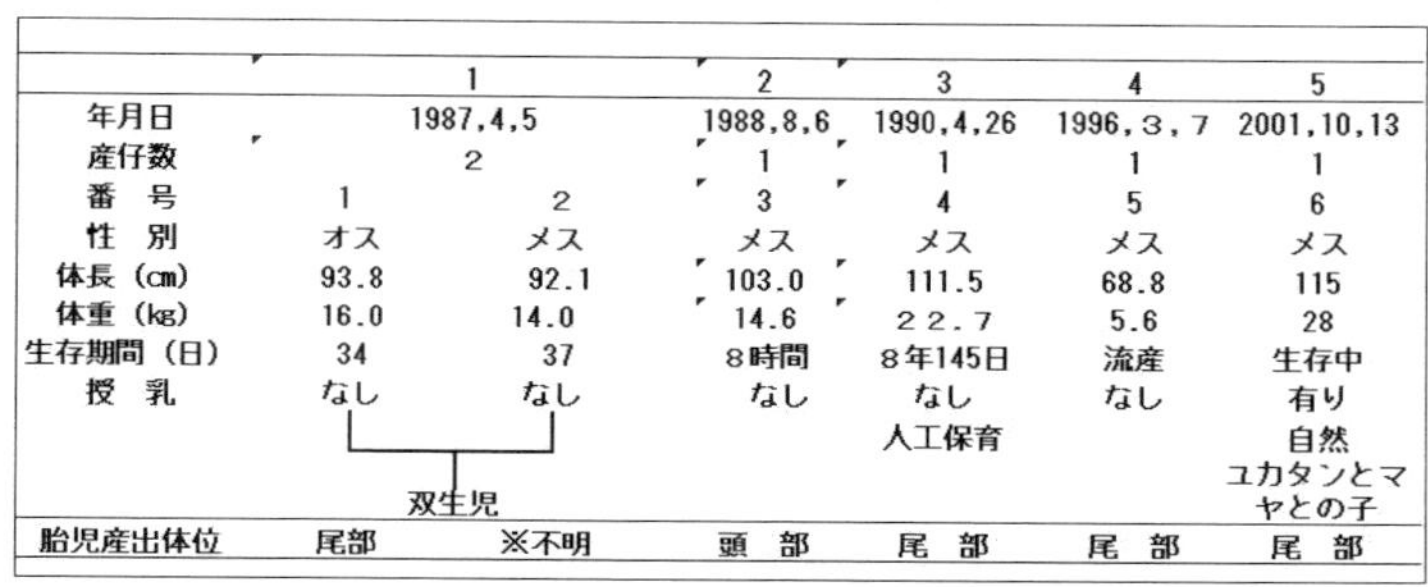

	1		2	3	4	5
年月日	1987,4,5		1988,8,6	1990,4,26	1996,3,7	2001,10,13
産仔数	2		1	1	1	1
番　号	1	2	3	4	5	6
性　別	オス	メス	メス	メス	メス	メス
体長（cm）	93.8	92.1	103.0	111.5	68.8	115
体重（kg）	16.0	14.0	14.6	22.7	5.6	28
生存期間（日）	34	37	8時間	8年145日	流産	生存中
授　乳	なし	なし	なし	なし	なし	有り
				人工保育		自然
	双生児					ユカタンとマヤとの子
胎児産出体位	尾部	※不明	頭　部	尾　部	尾　部	尾　部

表３　出産記録（１～４まではメヒコが出産、５はマヤが出産）

から尾ビレから生れてくるんだ」

当時その話を聞いて、なるほどと納得しました。

双子は、生れる寸前まで羊膜に包まれ、水槽が薄暗かった事で、頭か尾ビレか、どちらから生まれてきたのか、わかりませんでした。

羊膜が破れる直前、羊膜の中から尾ビレのような突起（とっき）がチラリと見えましたから、第一子は尾ビレから生まれたと思われます。第二子は確認出来ませんでした。

その後、メヒコとユカタンの間で4回、ユカタンの後添（のちぞ）えユマとユカタンの間で1回、合計5回の出産があり、6頭の赤ちゃんが生まれましたが、分娩体位は尾ビレからが4、頭部が1、不明が1でした（表3）。

1988年8月6日の2回目の出産は頭からでした。しかし、赤ちゃんは分娩途中、頭が水中に出ていても呼吸をする事はありませんでした。初めての呼吸は臍帯（さいたい）（臍の緒（へそのお））が切れ、赤ちゃんとして独立し水面に泳ぎあがってからでした。それを見て、先輩が教えてくれたことは、どうもほんとうではなさそうだと思いました。

人間でも水中分娩を行うケースがありますが、赤ちゃんは水中で頭が出ていても、決して呼吸する事はありません。赤ちゃんは、お母さんから完全に生まれ出てから、オギャーと泣いて呼吸します。

海洋学者ジェシー・ホワイトは、その著書『マナティ、海に暮らす』の中で、マナティーの出産は頭部からの方が多いといわれているが、尾部の例もあり、その割合は半々ではないかと思うと述べています[12]。

沖縄の場合、圧倒的に尾部（尾ビレ）から出てくる方が多く観察されています（表3）。

イルカ類では尾ビレが主流ですが、希に頭部からの出産もあるようです。

マナティーの場合、どちらが正常分娩なのか。

もし尾ビレからが正常だとしたら、イルカ類を含めなぜそうなったのか。他の水生哺乳類、アシカ、アザラシ、ラッコ、カバではどうなのか。とても興味がわいてきます。

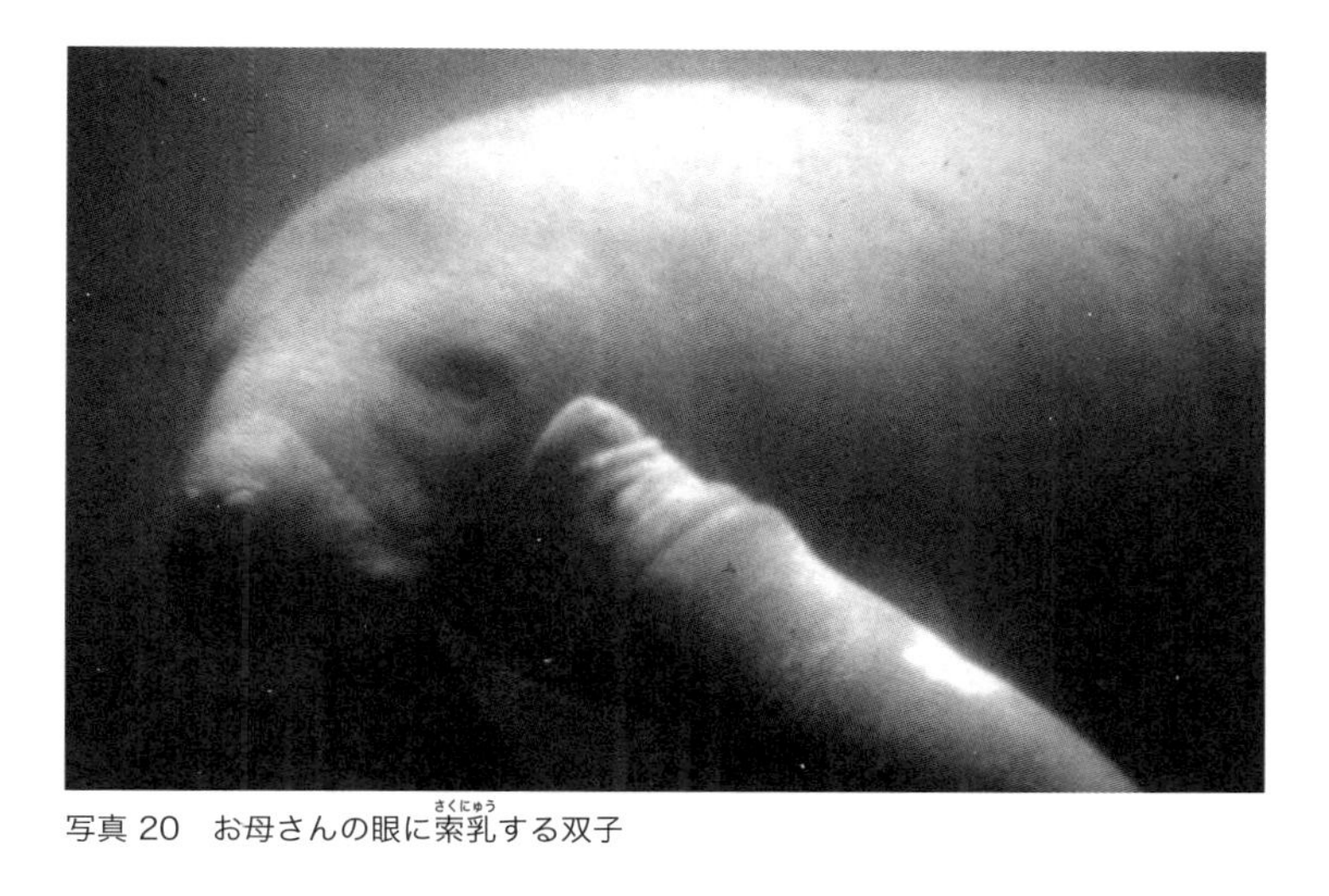

写真20　お母さんの眼に索乳(さくにゅう)する双子

新米おかあさんのおっぱい拒否

双子は産まれてから2頭とも元気でしたから、すべてうまく行くと思いました。しかし、予期しない事が起きました。育児経験のないメヒコにとって、初産から双子ではなにかと荷が重すぎたのです。

メヒコが一方の赤ちゃんの面倒をみているともう一方がどこかに行ってしまいます。あわててその赤ちゃんを呼び戻そうとしていると、別の赤ちゃんを見失います。そんなふうにメヒコは、どちらの赤ちゃんの面倒をみてよいかわからなくなってしまい、あわてるばかりでした。

さらに重大な事が起きました。メヒコが授乳を

写真 21　お母さんの眼付近に近寄る双子

拒否したのです。

マナティーの乳首はゾウと同じで脇の下にあります。せっかく赤ちゃんがメヒコの脇の下の乳首に寄っていっても、メヒコは肘を締めて、お乳を飲まそうとしないのです。かたくなに授乳を拒むお母さんに、双子たちは、お母さんの体のアッチコッチに吸い付き、乳首を捜します。

そしてお母さんの眼の感触が赤ちゃんには乳首のように感じられたのでしょう、メヒコの眼に頻繁に吸い付くようになったのです（写真20・21）。

その結果、メヒコの両眼が白濁してしまいました。メヒコは眼が不自由になって、なおさら赤ちゃんがどこに居るかわからなくなりました。

このままではせっかく元気に生まれた赤ちゃんも体力を消耗し、やがては死んでしまうかもしれません。それなら元気なうちに人工保育にした方がいい。そう判断しました。しかしこのとき、私は、人工保育がどんなに大変なことか、まだわかっていませんでした。

想定外の人工保育［哺乳瓶(ほにゅうびん)と乳首］

人工保育に用いることになった水槽は、ビニール製の円形水槽で、直径3m最大容積5トンでした（写真22・23）。水は、お母さんの居る展示槽から汲(く)み上げて、ふたたび元の展示槽に戻すというシステムにしました（図6）。

水温は29～30℃で安定していましたが、温室の温度はとても高く、最高が40℃近くになることもありました。

そんな中で赤ちゃんの世話を終日していると、暑さで頭がぼーっとなります。しかし、熱帯・亜熱帯に生息するマナティーにとって、暑いくらいの方が良く、私たちは我慢するしかありませんでした。

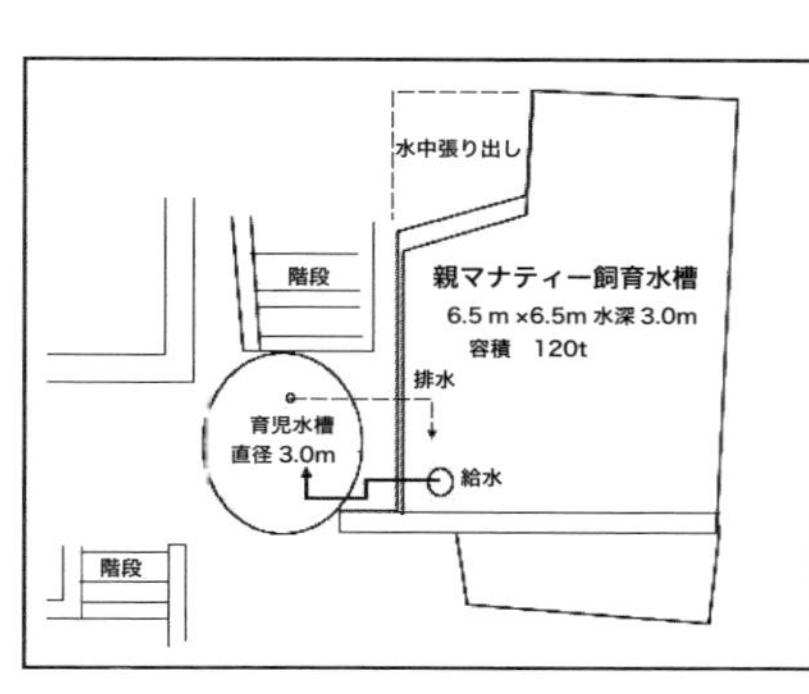

図6　給排水システム（平面図）

写真 22　人工保育用仮設水槽

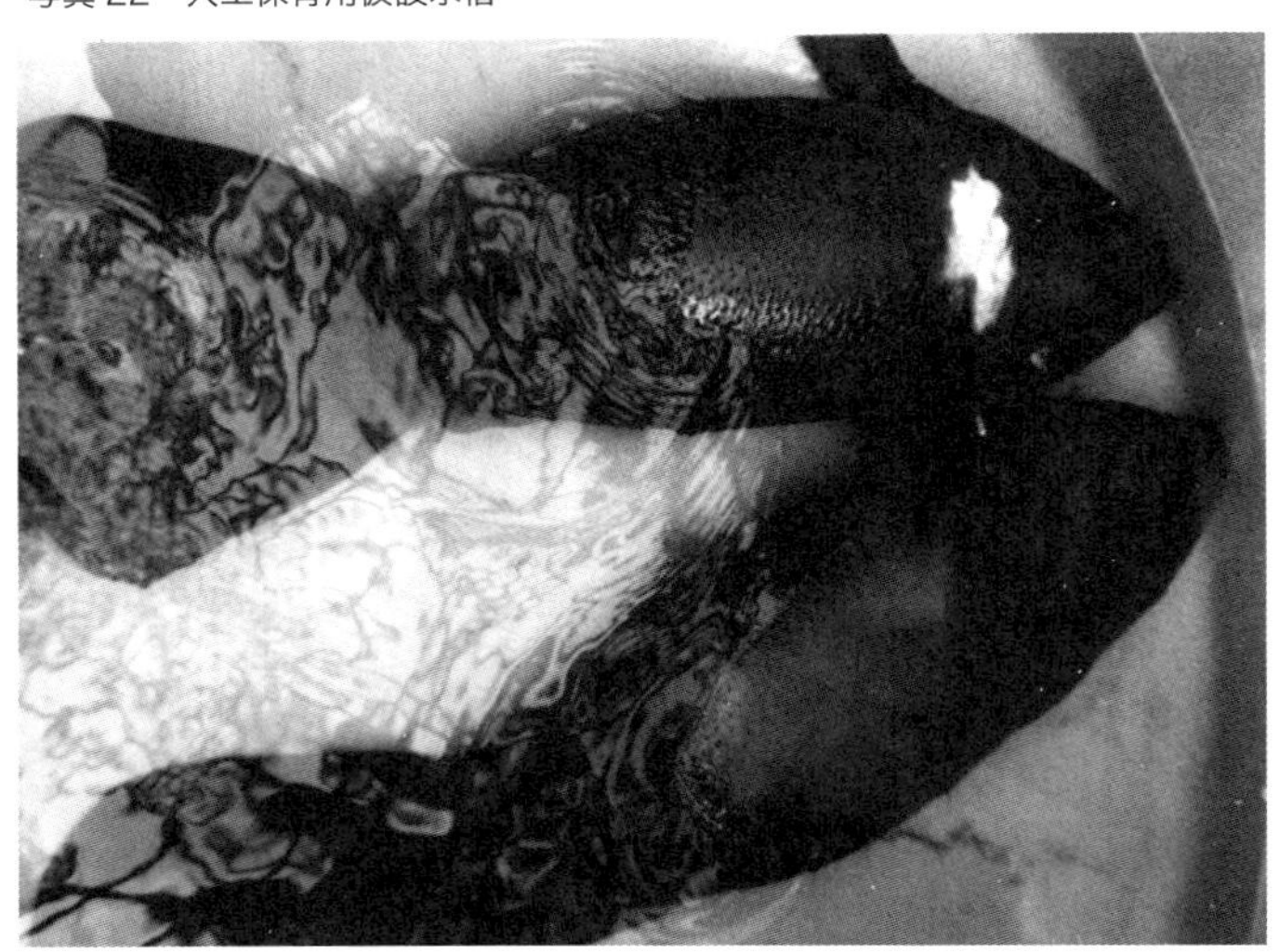

写真 23　保育槽に移動直後の双子

人工保育は想定外でしたから、私たちは準備を何もしていません。最初授乳には人用の哺乳瓶（ほにゅうびん）と乳首を用いました。

マナティーの赤ちゃんは水中でお乳を飲みます。私たちは出来るだけそれに近い体勢が良いと考え、水中で飲ませました。しかし2頭ともうまく飲んでくれません。乳首を持ってゆくと頭をキュッと下げ、くわえるのを拒否したり、乳首を噛（か）んで飲んでいる振りをしたりでした。ところがどういうわけか、ビニール製水槽の壁には盛んに吸飲（きゅういん）行動をするのです（写真24・25）。

赤ちゃんが哺乳瓶の乳首を嫌うのは、乳首の形や口触（くちざわ）りが気に入らないからだと考え、乳首作りに没頭（ぼっとう）しました。感触が水槽の壁に似ている炊事用手袋の指を切り取り、その中にスポンジを詰め、適当な柔らかさにした乳首を作りました。しかし、気に入ってもらえません。口触りを変えようと滑らかな手術用手袋も試みました。

石膏（せっこう）で色々な形、大きさの乳首の型を作り、それにシリコンを流し込んで乳首を作ってみました。10種類以上は作ったでしょう。しかし、2頭には気に入ってもらえませんでした。双子の赤ちゃんは、相変わらず水槽の壁に向って吸飲行動を続けています。

何故、私が作った乳首を嫌うのかさっぱりわかりません。それでも生後1週間くらいは、嫌がりつつも、わずかながらミルクを飲んで、排便もありました。

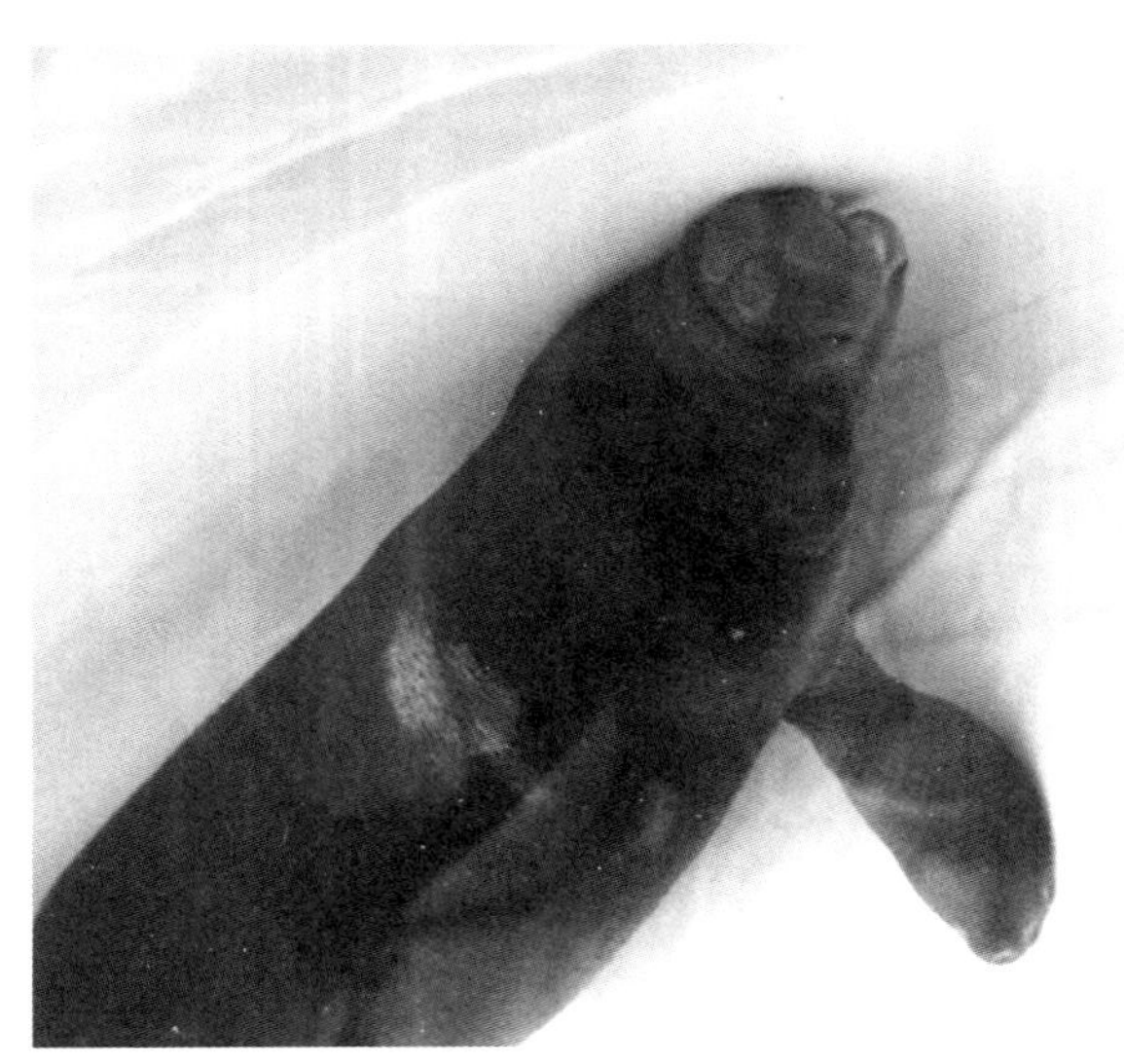

写真 24　プール壁に吸飲行動

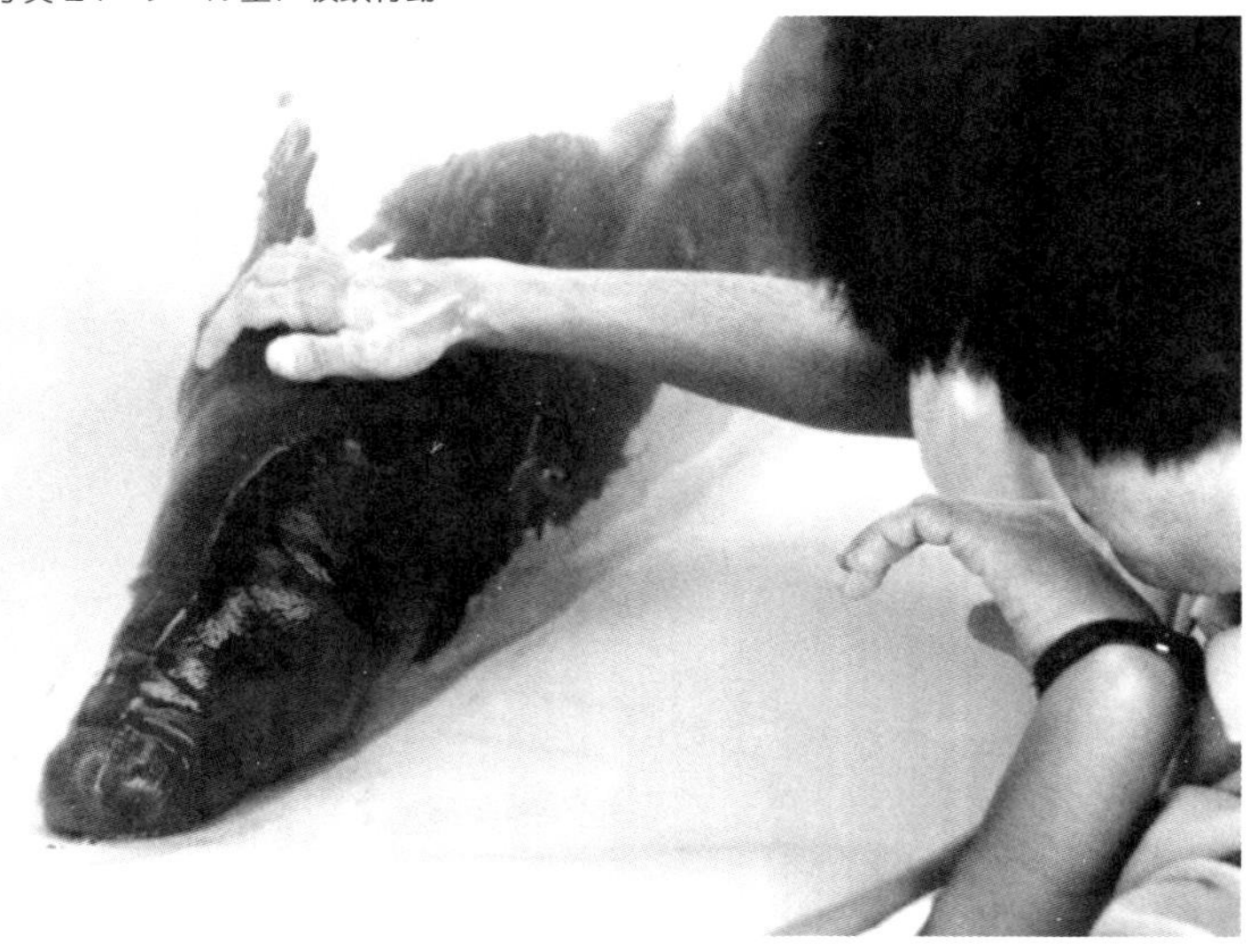

写真 25　係員に抱えられながらもプール壁に吸飲行動

双子のマナティーの死　［人工保育の失敗］

ところが双子は、1週間を過ぎた頃から段々ミルクを飲まなくなり、排便の確認もなくなりました。そして水槽の壁に吸い付く動作も減って、丸々していた体がだんだんしぼんで、しわだらけになり、体重がどんどん減りました。しわだらけの赤ちゃんの姿は、死に向かっている事を暗示しているようでした。しかし、私には何も出来ません。

「何が気に入らないのか……」

ついイライラして、くわえてくれない乳首を赤ちゃんの口にむりやり押し付けてしまいました。そんな事をしても赤ちゃんが飲んでくれるはずがありません。そんな自分を恥(はじ)て、そのふがいなさに押しつぶされそうでした。

そしてとうとう、残念ながら、雄は34日、雌は37日で死んでしまいました。

私の力不足が赤ちゃんを死に追いやった事に間違いありません。何故赤ちゃんが死んだのか、その原因をつかまなければならないと思いました。

解剖の結果、2頭とも腸から豆粒大のカチカチの小石のような便が幾つも出てきました。この硬結便（こうけつべん）で赤ちゃんは糞詰（ふんづま）りを起こしていたのです。

ミルクが合わなかったのです。それが死因でした。排便が見られなくなった時点で、その事に気付けば、何とか救えたかも知れません。私の判断ミスです。

双子のマナティーの死は、私にとって大きなショックで、決して忘れられません。

ですが、もしふたたびチャンスが与えられたら、必ず成功させてやると心に誓いました。（写真26・27）。

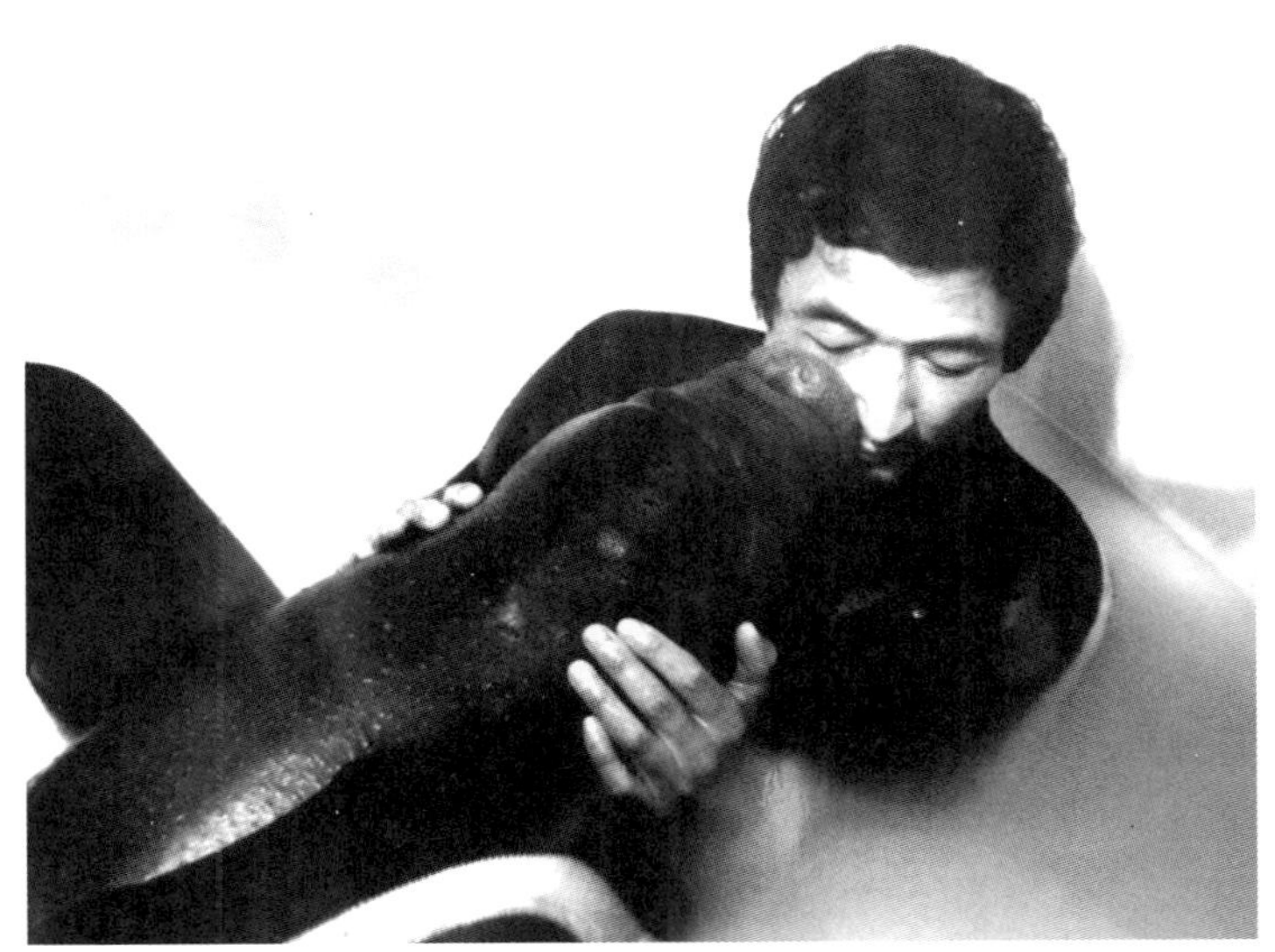
写真 26　私の顔を吸う赤ちゃん（元気な頃）

写真 27　スタッフの末吉さんと赤ちゃん（元気な頃）

III

「がんばれ まな子ちゃん」

［人工保育へ再挑戦］

メヒコ3度目の出産 ［ふたたび人工保育へ］

双子のマナティーの人工保育の失敗に報いるチャンスがやってきました。

それはメヒコにとって3回目の出産でした。

次にメヒコが出産したのは双子の出産の翌年、1988年、8月6日でした。しかし、赤ちゃんは前の双子と違ってまったく元気がなく、水面に泳ぎ上がろうともせず、水低に沈んだままでした。急いで係員が救出しましたが、生まれてわずか8時間で死亡しました。

私たちが人工保育をしたのは、3回目に生まれた赤ちゃんでした。1990年4月26日のことです。この赤ちゃんも決して良い状態ではありませんでした。

双子は自力で水面まで泳ぎ上がり呼吸しましたが、この赤ちゃんも、前回の赤ちゃん同様、水面まで泳ぎきれませんでした。お母さんもなんとか赤ちゃんを水面に持ち上げ、呼吸させようとしますが、なかなかうまく行きません。

普通、成獣の潜水時間が平均で4分くらい、眠っているときは最長で20分近くと言われています。[10] しかし、生まれたての赤ちゃんはそんなに長く潜れません。せいぜい2〜3分です。赤ちゃんが水面まで泳ぎ上がれそうかと経過時間を見比べながら、いつ係員を救出に潜らせるか、判断しなければなりませんでした。しかし、一人で赤ちゃんの様子と経過時間を同時に見れません。そこで経過時間は係員に大声で叫んでもらい、それを聞きながら私は赤ちゃんを見る事に専念し、泳ぎ上がれそうか、救出した方がよいかを判断しました。

水槽の上には、潜水の達者（たっしゃ）な外間君がいつでも飛び込めるよう待機しています。彼にもトランシーバーで水中の様子が伝えられました。

1分経過。赤ちゃんはよれよれの尾ビレを必死に振わせ、小さな胸（むな）ビレで水をかいて、体をのけぞらせ、水面に向かって泳ぎ上がろうとしています。

水深は3メートルもあります。なんとか2メートルくらいまでは上がって来ますが、力尽き水底に沈んでしまいました。

どんどん時間が経ってゆき、2分になろうとしています。ふたたび赤ちゃんは力を振り絞って尾ビレと胸ビレを動かしはじめました。そのとき、お母さんが赤ちゃんを持ち上げようとしました。しかし、赤ちゃんは、逆にお母さんの起こした水流に巻き込まれ沈んでしまったのです。

「2分、2分1秒、2秒、3秒……」

係員の声が叫びのように聞こえてきます。赤ちゃんの動きが止まりました。

(もうだめだ)

これ以上は無理、水上の外間君に、赤ちゃん救出を指示しました。

彼はすばやく潜り、赤ちゃんをかかえ水面に運びます。彼の話では、赤ちゃんの顔が水面に出るやいなや呼吸をしたそうです。赤ちゃんにとって、これが限界だったのでしょう。

しばらく赤ちゃんを抱いたまま落ち着かせ、再度自力遊泳をさせようと水面に放しました。

(なんとか自力で泳がせ、お母さんに面倒をみてもらいたい)

メヒコも気になって寄ってきます。しかし、赤ちゃんは泳ごうとしながらも、沈んでしまいます。

何度か試みましたが、うまく行きません。この間に1回でも救出が遅れ、水中で呼吸し肺に水が入ったらおしまいです。時間の経過を知らせる声を聞きながら、赤ちゃん救出の時を判断するのに、緊張で胃がキリキリ痛みました。

双子で人工保育の大変さを痛感していましたが、この状態では人工保育するしかありません。

4月26日15時20分、人工保育を決意して、育児水槽に赤ちゃんを収容しました。

この日から7ヶ月におよぶ24時間態勢の育児が始まりました。

ミルクを飲ませるための工夫　［授乳体勢、授乳器］

授乳体勢（じゅにゅうたいせい）

まず授乳方法を決めなければなりません。

双子のときは、どのような体勢で授乳させるか問題になりました。

赤ちゃんを抱いて顔を水面に出し飲ませるか、マナティーのお母さんのように水中にするか、色々迷いましたが、最終的に双子は水中で飲ませました。

この方法で困ったのは、赤ちゃんがミルクを飲んでいるのか、いないのかよく分からない事です。こぼれたミルクで水槽の水が白く濁る（にご）、その濁り具合からこぼれた量を推測出来ないかと考えました。水の濁度（だくど）（にごり具合）を測定する要領です。

しかし、この方法ではうまくいきませんでした。今回は、双子の失敗を反省し、フロリダ・シーワールドの授乳写真を参考に赤ちゃんの顔を水面に出し授乳させました⒀。

双子はビニール製の水槽壁に吸い付く動作がよく見られました。赤ちゃんは顔が何かに触れている方が落ち着くように思えました。お母さんの乳首を吸っている気分になるのかもしれま

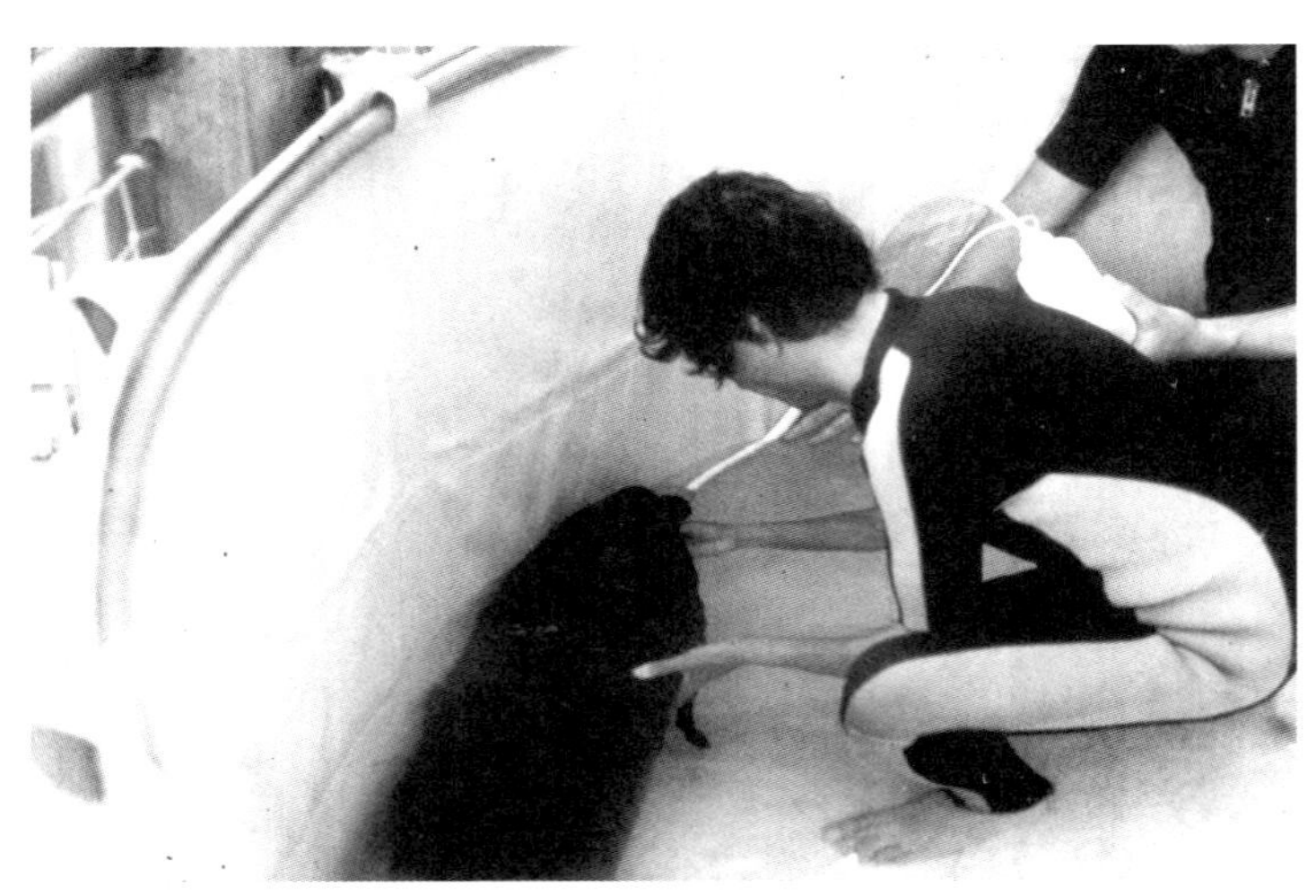

写真 28　プール壁に顔を押しつけながら授乳

せん。

それで赤ちゃんの腕を抱え、体を水槽壁に斜めから押しつけ、乳首をくわえさせました（写真28）。

この方法だとミルクのこぼれがよくわかります。なれてきたら赤ちゃんがミルクを飲みたいとき、自分からこの体勢になる事もありました。

授乳器（じゅにゅうき）

こうして人工保育はスタートしましたが、解決しなければならない問題が山積でした。

乳首は双子の経験から、試行錯誤（しこうさくご）はかえってよくないと考え、子牛用だけを使いました。

この赤ちゃんもミルクの飲み方はまったく気まぐれで、急に飲むのが止まったり、また吸い出したりで、予測がつきません。

　これまでの授乳器だと、飲んでいないのにミルクが出っ放しになって、正確に飲んだ量がわかりませんでした。飲んだ量を正確につかまない限り、適正な授乳量も授乳回数も決められません。

　以前、日本動物園水族館協会の研究会で、鳥羽水族館から孤児になって保護された赤ちゃんジュゴンの人工保育についての発表がありました。その中に授乳器の事が出ていたのを思い出し、早速、鳥羽水族館に電話し、教えを請(こ)いました。

　電話の向こうで発表者の浅野四郎さん（副館長）が熱心に説明してくれ、私はすがる思いで聞きました。

　話の内容から、赤ちゃんが吸うのに合わせ、ミルクが出たり止ったりする仕掛けが必要だとわかりました。その話を参考に何とか授乳器を作りました（図7）。構造は簡単ですが、とても合理的な仕組みです。

　人用哺乳瓶(ほにゅうびん)にホースをつなぎ、その先に子牛用の乳首を付けます。更にもう1本別の細いチューブを哺乳瓶内に差し込み、このチューブの先は授乳者がくわえます。赤ちゃんがミルクを吸い始めると、チューブから空気を吹き込み、瓶内の圧力を高め乳首から出るミルクを多くします。赤ちゃんが吸うのを止めると、逆に瓶中の空気をチューブから吸って瓶内を減圧し、

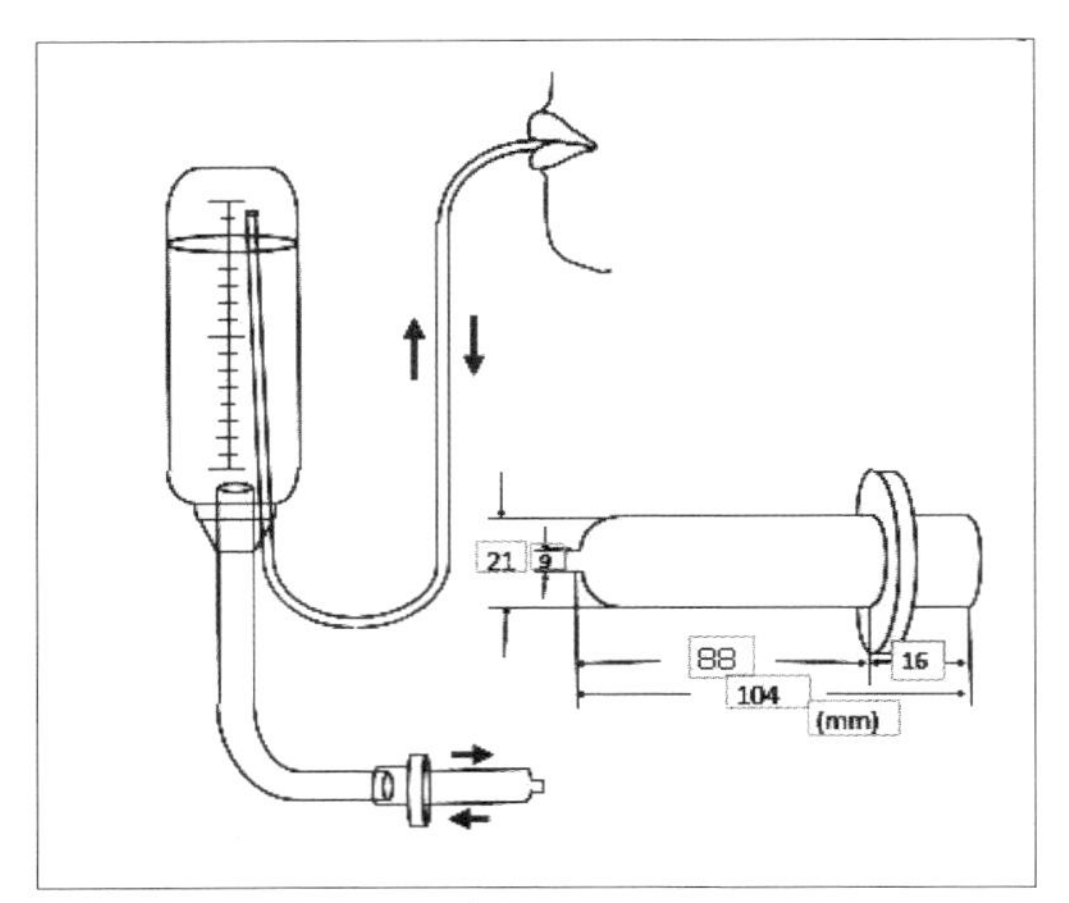

図7　授乳器と子牛用乳首

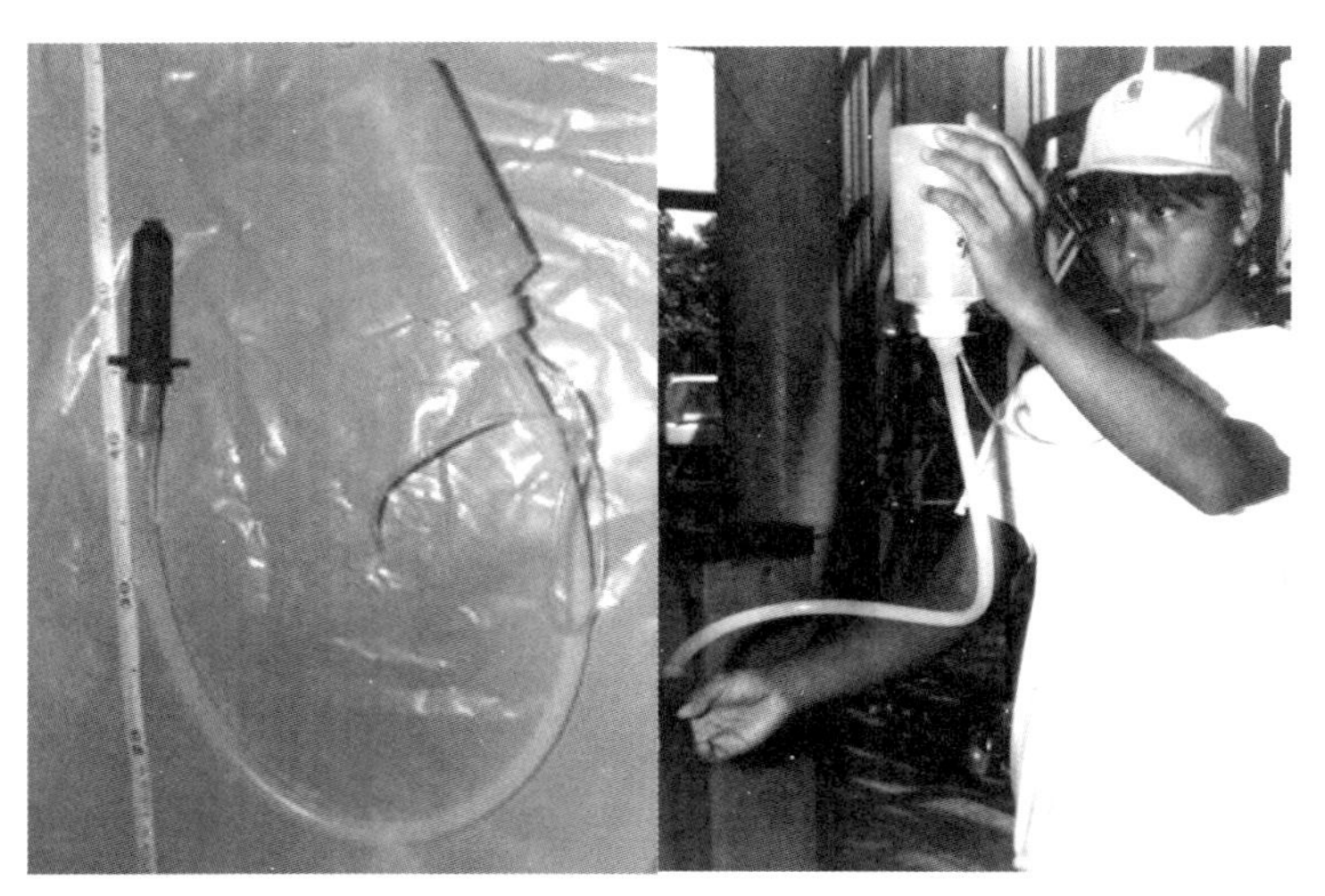

写真29　授乳器

写真30　操作方法

乳首からミルクが出ないようにします。

この方法だと赤ちゃんのミルクを吸うのに合わせ、ミルクを出したり止めたり出来ます（写真29・30）。

この授乳器のおかげで、ミルクのこぼれは随分少なくなりました。

これは鳥羽水族館の浅野さんのアイデアで、赤ちゃんを育てる上で大きな力になりました。苦労して作った授乳器のアイデアを、惜しげもなく私に教えてくれたことに、浅野さんのお人柄が感じられました。

「沖縄ミルク」の誕生　【人工ミルクの調整】

マナティーの母乳はタンパク質と脂肪がほとんどです。それに比べ牛乳は炭水化物が多く含まれ、マナティーには消化吸収がしにくいと言われています。そこで入手し易く、タンパク質と脂肪が多く含まれている犬用のミルクを使いました。

外国の文献には人工ミルク１００ｇ中の成分とカロリーは記載（きさい）されていますが、それをど

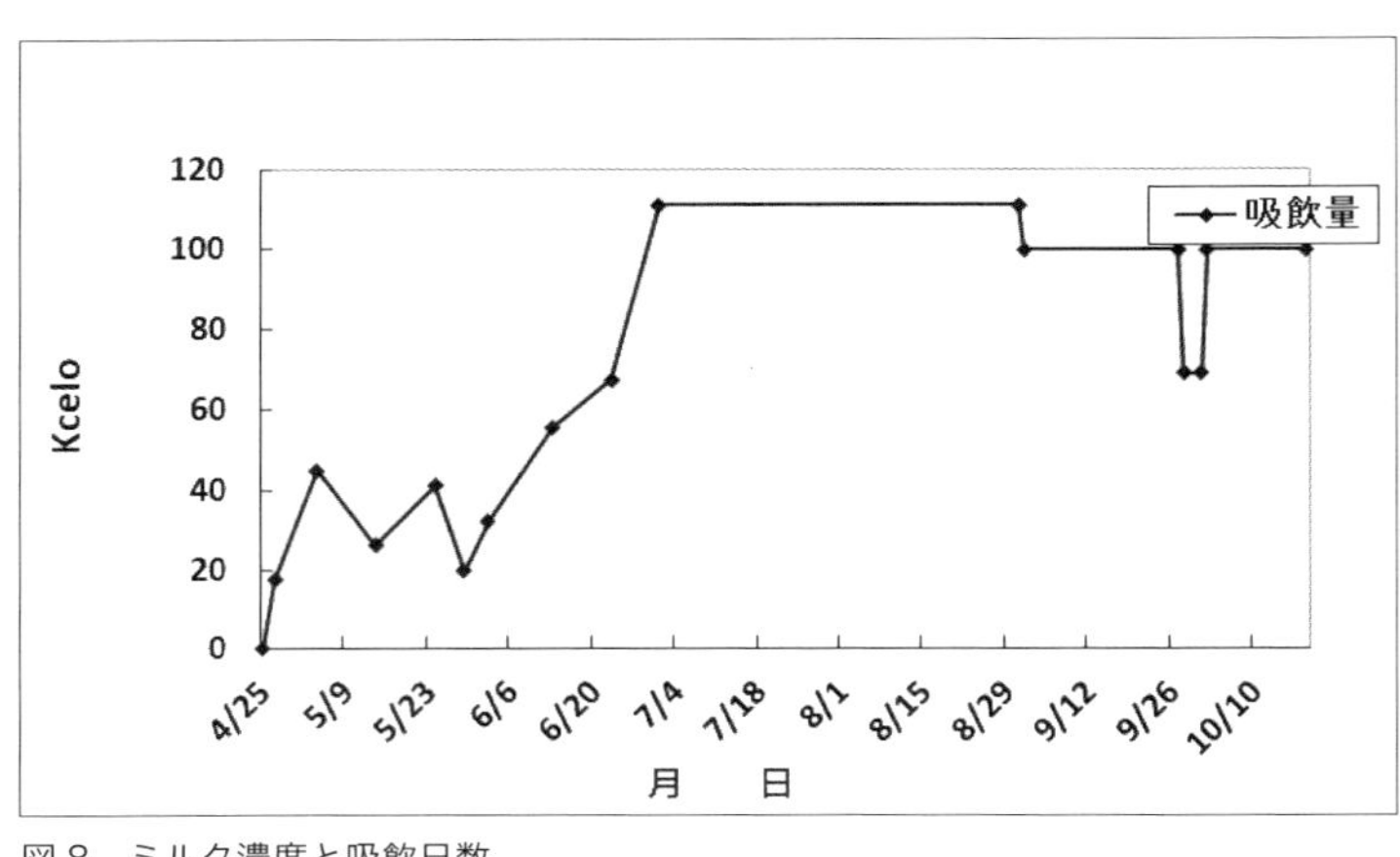

図８　ミルク濃度と吸飲日数

れくらいの濃度にして飲ませるかが書いてありません。濃度が書いてないのは、赤ちゃんの状態に合わせミルクの成分や濃度を適宜変えるからでしょう。

私も赤ちゃんの飲み方と体重、排便の状態にあわせ、ミルクの濃度を変えました。時には毎回、そのつどカロリーを計算しました。

双子は強度の硬結便による腸閉塞で死亡しました。その原因は、ミルクです。二度と同じ失敗を繰り返したくないと思っていました。ですから腸閉塞を起こす危険のある高濃度のミルクを最初から与えるわけにはいかないと考えました。

それで１００cc中のカロリーが17・６ kcalとかなり薄い濃度からスタートしました。濃度を徐々に濃くし、５月８日（生後12日目）には56・７ kcalと牛乳に近いカロリーにしました。

腸の動きが安定、自力で排便も出来、成育が順調

		蛋白質	脂肪	炭水化物	脂肪を除く固形物	灰分	水分	Kcal ／ 100g
自然乳	ゾ　ウ	8.6～13.1	4.2～17.8	24.0～27.0	49.6～55.7			168.2～320.6
	T. MANATUS	34.6	59.4	1.4		4.7		678.6
人工乳	豆　乳	14.5	20.0	60.2		2.8	2.5	479.0
	ESBILAC （犬用ミルク）	34.4	43.0	15.1		5.37	2.11	585.0
	SEA WORLD FLORIDA (1)	28.8	36.5	27.8		4.7	2.2	554.1
	SEA WORLD FLORIDA (2)	42.6	38.3	15.3		0.4	3.4	576.3
	双生児ミルク(1) 87.4.22	32.2	40.3	20.5		5.0	2.0	573.5
	双生児ミルク(2) 87.4.26	31.6	39.5	22.0		4.9	2.0	569.9
	海獣用ミルク	18.8	75.0	0.7		3.5	2.0	753.0
	沖縄ミルクの元	27.8	43.2	22.3		4.5	2.2	589.0
	沖縄ミルク (100ml)	5.2	8.1	4.2		0.8	0.4	111.0/100ml

表４　ミルク成分（重量%）

になったのは7月2日頃でした。このときのミルクが赤ちゃんを育てるのに最適で、このミルクを私たちは「沖縄ミルク」と名づけ、7月1日から8月31日の2ヶ月間飲ませました（図8）。このミルクにたどり着くまで、赤ちゃんの状態に合わせ43種類におよぶミルクを調合しました。

この沖縄ミルクの元になったのが、犬用ミルク、人用豆乳、海獣用ミルクで、これらのミルクを混ぜ１００g当たり、タンパク質27・8%、脂質43・２%、炭水化物22・３%に調合し、総カロリーを５８９Kcalにしました。このミルクを水で溶かし、１００ml当たり１１１ Kcalにして用いました。これが沖縄ミルクです（表4）。普通の牛乳が69 Kcal/100mlですから、このミルクは牛乳の2倍に近いカロリーになります。

海獣用ミルクは、脂肪分の多い海獣類（イルカ、アザラシ、アシカ類）専用の人工ミルクで、送ってくれたのは、ムツゴロウ動物王国の石川利昭さんです。

鴨川シーワールドに勤務していた当時、アザラシの赤ちゃんが産まれ、私はその世話をしていました。同じ頃、ムツゴロウ動物王国では、母親にはぐれた赤ちゃんアザラシのめんどうを石川さんがみておられ、お互いに情報を交換していました。

それが縁で、石川さんに脂肪分の高いミルクとマナティーの赤ちゃんにあいそうな乳首を探して欲しいと、お願いしました。すぐに、海獣用ミルクと羊用の乳首が送られてきました。包みを開くと「代金はいりません、頑張って下さい」とだけ書かれた紙切れが入っていました。人工保育の大変さを痛感されている石川さんからの温かいメッセージでした。

海獣用ミルクの脂肪分は１００g中75g含まれています。マナティーのミルクは脂肪分が高く、人工ミルクをそれに合わせるには、海獣用ミルクは好都合でした（表4）。

マナティーの赤ちゃん、県立病院小児科へ

　赤ちゃんは、最初は比較的順調でミルクも飲み、排便もありました。しかし、生後12日（5月8日）ころから排便が滞（とどこお）りがちになりました。

　双子のときを思い出し、便秘による腸閉塞（ちょうへいそく）を恐れ、浣腸（かんちょう）をしましたが効果がありません。

　母乳、特に出産直後の初乳には、細菌感染（さいきんかんせん）を防ぐ免疫効果（めんえきこうか）があります。ところがこの赤ちゃんは初乳を飲んでいませんから、細菌感染にはまったく無防備（むぼうび）です。そのため感染症予防も兼ねて、抗生物質を投与することにしました。

　これまでのところ、体重はなかなか増えてきません。その原因を知る必要があります。しかし排便が無いのは、便秘からか、あるいはミルクが薄すぎるからか、まったく判断がつきませんでした。満足に泳げない状態でしたから、水を誤嚥（ごえん）し肺炎を起こしている可能性もあります。

　赤ちゃんを救うにはその原因を突き止め、適切な処置をする事です。そうしないとこの赤ちゃんも双子と同じ運命をたどってしまいます。

どうすればよいのか悩んでいたとき、ふと浮かんだのは、赤ちゃんのお母さん・メヒコが2回目の出産後、子宮内膜炎（しきゅうないまくえん）にかかったときの事です。

このときは、県立北部病院の小堂欣弥（こどうきんや）先生が、診察して欲しいという私たちの依頼に応え、ドリームセンターまで来られ、治療をしてくれました。

（なんとしても赤ちゃんを救いたい。双子の二の舞を踏みたくない）

そう思った私は、赤ちゃんを北部病院で診ていただけるよう、ふたたび院長先生にお願いして欲しいと、水族館の内田館長に頼みました。

しかし、内心不安でした。人間のお医者さんがマナティーの赤ちゃんを診てくれるだろうか。診てくれるとしたら小児科だろうか、内科だろうか。色々考えました。

しばらくして、館長から嬉しい知らせが届きました。

北部病院で診察してくれる事になったから、具体的な事は担当の先生と相談するようにというのです。院長先生がお願いしたのは、小児科の浜端宏英（はまばたひろつね）先生でした。

不安と期待でドキドキしながら電話をすると、事務の方の「しばらくお待ちください」という、すべてを心得た感じの声が返ってきました。

しばらくして浜端先生が電話に出られ、先生に赤ちゃんの状況を説明しました。

先生はゆっくりした口調で「わかりました、病院の診察が終わる5時以後に連れてきてください」とおっしゃいました。

5月16日夕方、トラックの荷台に直径1・5mの水槽を載せ、水にひたしたマットの上に赤ちゃんを寝かせ出発しました。病院まで赤ちゃんの体が乾かないよう係員がつきっきりで水をかけます。

病院に着くと、私はすぐ赤ちゃんを毛布にくるんで診察室に駆け込みました。診察室では浜端先生をはじめ何人かの先生がすでに準備を整え、待っておらました。

メガネをかけた丸顔の浜端先生は、やさしそうな、いかにも小児科の先生という感じでした。

後日、知人の看護師さんにこの話をしたところ、「浜端先生だからお受けしたのでしょうね」と言われ、その言葉に普段から優しい先生のお人柄を感じました。

現在、先生は沖縄市のアワセ第一病院の院長で、沖縄県小児保健協会「はしかゼロプロジェクト」オピニオンリーダー、沖縄県小児学会副会長、沖縄県小児保健協会常任理事をされ、沖縄の小児科医療の牽引者（けんいんしゃ）の一人として活躍されています。そんな多忙の中、南原（みなみはら）小学校の校医もされています。

先生は子供たちとのお話会（南原っ子・夢スクール）で、赤ちゃんマナティーを治療した話をされ、その中でマナティーの祖先がゾウと同じだという説明に先生考案の写真を使われるそうです。マナティーの顔にゾウの耳と鼻を付けた合成写真（写真４）のアイデアは、子供達にはとても説得力があります。

赤ちゃんの検査は、胸部、腹部のレントゲン、超音波診断（エコー）、血液検査と人間とすべて同じでした。

普段は水中にいるマナティーを長時間水から出していると、体温調節が出来なくなり、体がほてって体温が上がってしまいます。それを防ぐため、ぬれたタオルでひっきりなしに赤ちゃんの体を拭いて冷します。

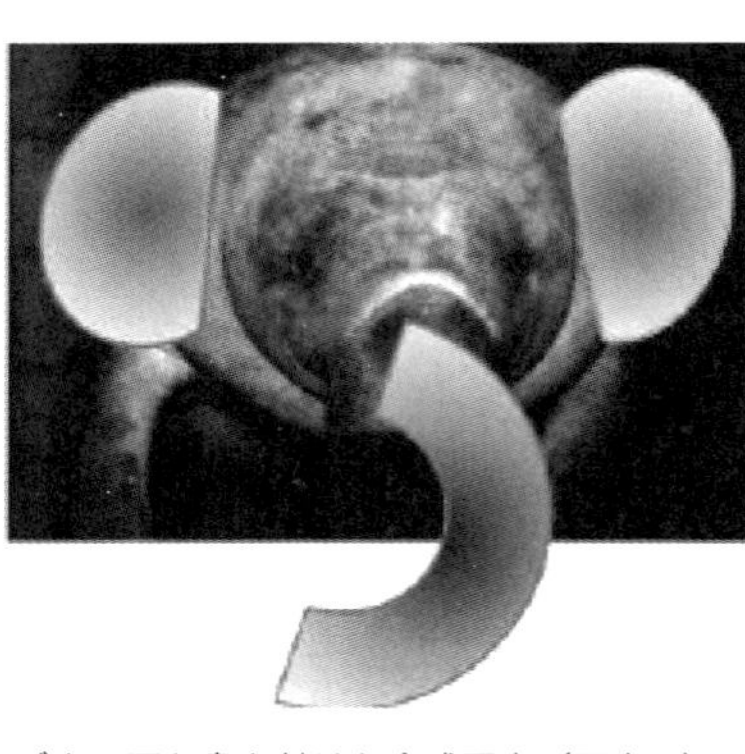

ゾウの耳と鼻を付けた合成写真（写真４）
（浜端先生考案）

診察台の赤ちゃんは、観念したのか、それとも自分のためにしてくれているのだとわかっているのか、おとなしくしています。

一通り検査が終わって、胸部のレントゲン写真を浜端先生が見ているときの事です。別の先生が部屋に入ってこられ、画像を見ている浜端先生に話しかけました。

「男の子？　女の子？　五、六才くらいかなー？」

「この子はね、お腹の調子が悪くてね……」

二人は、まるで人間の患者さんを診て話し合っているようでした。浜端先生が、人間の患者さんを診るのと同じ気持ちでマナティーの赤ちゃんを診てくれていると思うと、とてももうれしくなりました。

検査結果は、心配した腸閉塞や肺炎はなく、腸の蠕動運動（ぜんどううんどう）（腸の動き）が弱く、その結果、ミルクの消化吸収力が落ちているとわかりました。

治療方法は腸の動きを活発にし、ミルクの吸収をよくすることと、確実に決まった量のミルクを飲ませる事です。病院から腸の動きが良くなる薬をもらいました。

鳥羽水族館の浅野さんから教えていただいた授乳器も、ミルクがまったくこぼれないわけではありません。決まった量のミルクを確実に飲ませるには、口から胃にチューブを挿入（そうにゅう）し、流し込むしかありません。1日2回、細いチューブを使って行います。

赤ちゃんはチューブが喉（のど）を通るとき、とてもいやがって暴れ、時にはむせてミルクが逆流し鼻からあふれる事もありました。そのミルクが気管に入ったら大変です。この危険な方法はとても続けられないと感じました。赤ちゃんのストレスがあまりにも大きすぎます。胃カメラの検査を朝夕2回行うのと同じですから。チューブを使わないで、この課題をどう解決するか悩みました。

消化機能が弱っている赤ちゃんに濃いミルクは与えられません。そこで薄いミルクをこぼれ

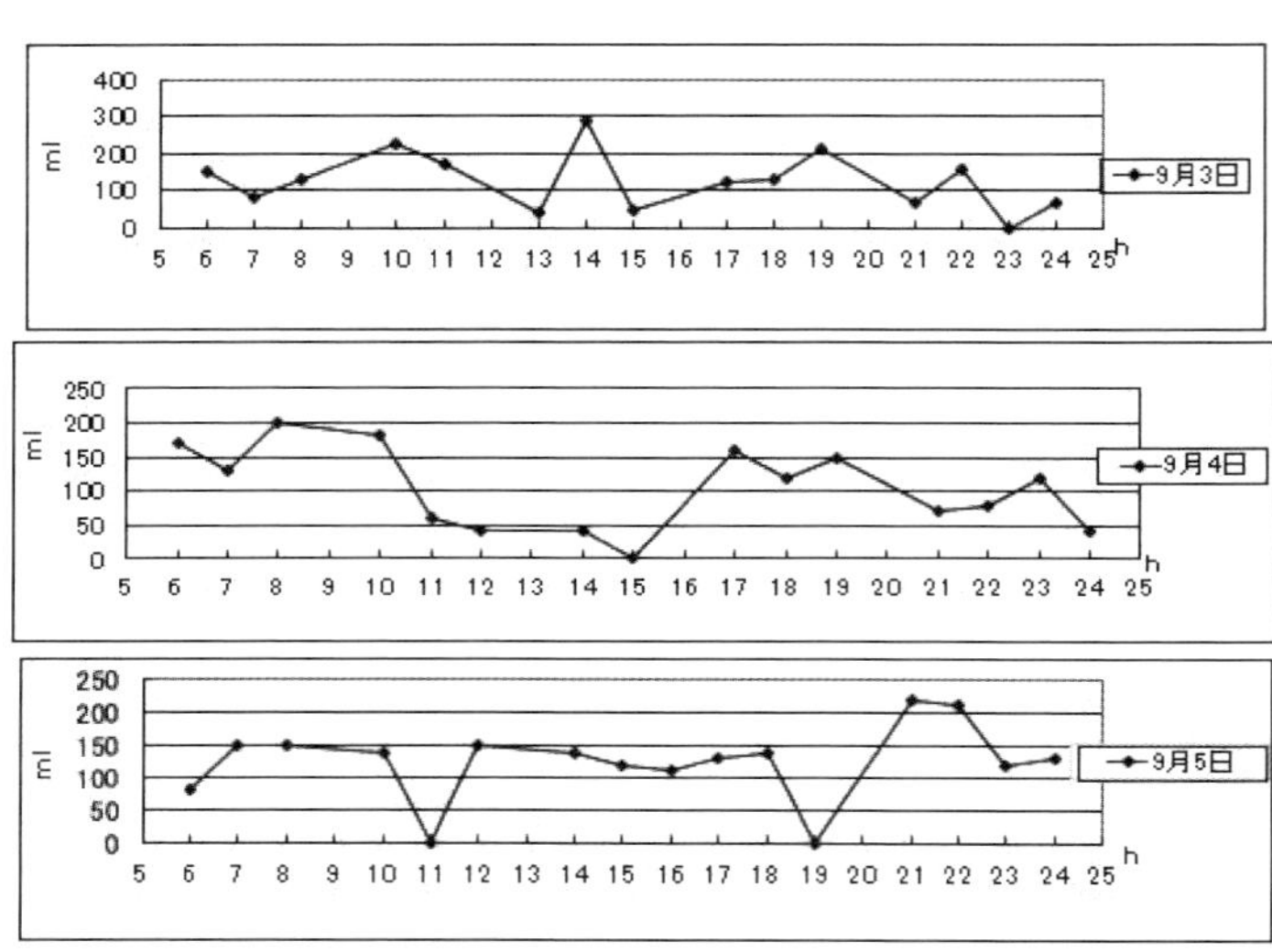

図９　ミルクの吸飲量安定せず（授乳回数 14–16 回 / 日）

る分も計算に入れ多量に飲ませ、成長に必要な栄養分をまかなおうと考え、1日の授乳回数を増やす事にしました。

当初は朝7時から夜中の0時まで、ほぼ2時間置き7回の授乳でしたが、回数を徐々に増やし、最終的に1日18回、朝6時から0時までほぼ毎時間にしました。

それを約2ヶ月間続けました。

朝は5時から準備し、0時にその日最後の授乳を終え、後片付けをして日誌を書き終わると寝るのは深夜2時近くでした。ですから当時睡眠はわずか3時間足らずでした。今、思えば良く体がもったと思います。

相変わらず赤ちゃんのミルクの飲み方は安定せず、飲んだり飲まなかったりで、いつ飲むかまったく予測がつきません（図9）。

それに体重もなかなか増えてくれず、排便も滞り（とどこおり）がちで、更に体が浮き上りバランスをくずすようになりました。こういう症状が出る場合、イルカでは肺に水が入って肺炎を起こしているケースが多いのです。

5月23日、2回目の通院で、心配した肺炎にはかかっておらず、腸にガスがたまっていて、それが原因で体のバランスがとれなくなっているのがわかりました。

相変わらず腸の動きは良くありません。腸を活発にする薬が効いていないのです。

牛の初乳をいただく［夢有民牧場の山中さんのなぞなぞ］

赤ちゃんはお母さんの初乳を飲んでいませんから、細菌に対する免疫力（めんえきりょく）はゼロに等しい状態です。前に双子のマナティーが生まれたとき、細菌感染を予防するのにお母さんの初乳を少しでも飲ませたいと思い、私がお母さんの脇（わき）の下の乳首に吸い付いて、お乳を吸い取ろうとしました。しかし、お母さんが嫌がってだめでした。

今回こそは、何とか初乳を飲ませられないかと思っていました。マナティーの初乳が無理なら、牛の初乳でも効果はあるのではないか……。これは私の考えですが、浜端先生にも助言を頂きました。

実は2年前、お母さんのメヒコが病気になったとき、ネピヤグラス（牧草）の若葉しか食べなくなったことがありました。そのとき、本部町伊豆味（いずみ）にある夢有民（ムウミン）牧場の山中利一さんが、快く牧草を提供してくれました。牛の初乳のアイデアを思いついたとき、山中さんの顔が浮かびました。初乳は出産直後の母乳ですから、いつもあるわけではありませんが、今回も山中さんに電話し、赤ちゃんの話をしました。

すると「長崎さん、運がいいですね、昨日出産があって、初乳ならいくらでも有りますよ」というのです。赤ちゃんの運の強さを感じました。

夢有民牧場の「ムウミン」は、童話の主人公ムーミンを漢字に当てた名前だそうです。ムーミンはおとなしく、おっとりしていて、その姿もどこかマナティーに似ているような気がします。早速、伊豆味の牧場へ車を走らせました。

牛の赤ちゃんを人工保育した経験のある山中さんは、マナティーの赤ちゃんを心配して、いろいろと聞いてくれました。

いま赤ちゃんは、ランや熱帯果樹が展示されているドリームセンターで飼育され、病院に通院していること、私が泊り込みで育児している事を話しました。

熱心に聞いてくれる山中さんの真っ黒に日焼けした顔の奥で、優しい目が微笑んでいて、私はつい話に熱が入りました。

そんな私に、山中さんはニコニコ笑いながら、

「長崎さん、ドリームセンターにいっぱいマナティーの赤ちゃんが居るの、知ってる？　娘が見つけたんですよ」というのです。

今、ドリームセンターには、必死に生きようとしている赤ちゃんマナティーが1頭だけしかいないはずです。そのマナティーが、たくさんいるとはどういうことでしょうか。

「ドリームセンターに展示されているカトレアの花の中にマナティーの赤ちゃんがいて、花の中から両手を前に出し外をのぞいている」というのです。

まるでなぞかけ遊びのような話です。

「帰ったら探してみてください」

山中さんは笑って手を振り、首を傾けて水族館に戻る私を見送ってくれました。

それまで一日中育児水槽から離れる事のなかった私でしたが、さっそくランが展示されている温室に出向いてみました。

もう1ヶ月以上泊まり込みでいるドリームセンターですが、あらためてこんなにもきれいな花がたくさんあったのかと思いました。山中さんの娘さんが見つけたマナティーの赤ちゃんは

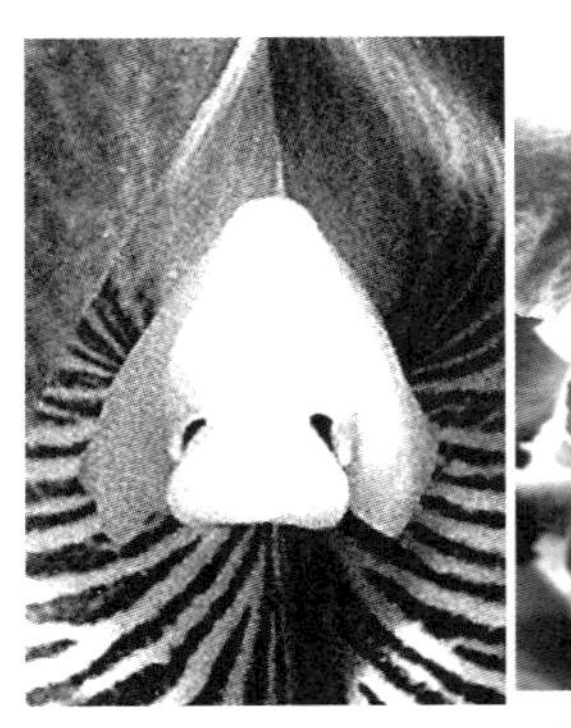

写真31　カトレアの花の中の赤ちゃん

どこにいるのだろう。

カトレアの花を覗き込むと、いました。可愛い元気そうな赤ちゃんマナティーが、花の中からこちらを見ています。

それは、花のずい柱という、おしべとめしべが一緒になった部分のことでした。小さいけれど丸々ふとって、愛嬌たっぷりの健康そのもののマナティーの赤ちゃんです（写真31）。

私の赤ちゃんも、こんなに元気になって欲しい、育って欲しい。

この赤ちゃんを知ってから、育児に疲れ、気持ちが落ち込んだときは、この赤ちゃんによく会いに行きました。この赤ちゃんを見ていると私の赤ちゃんも、必ず元気になると思え、勇気がわいてきました。

「がんばれ まな子ちゃん」Tシャツ

赤ちゃんが生まれてから6ヶ月間、私は水族館で寝泊まりしていました。ですが、1日1回、夕食だけは、自宅で家族と過ごしました。このひとときが、唯一心身ともに休まる時間でした。1時間足らずですが、家族と過ごし、水族館に戻るときには、どんなに辛い状況にあっても、よし頑張るぞという気分になっていました。この団らんがなかったら、私は精神的にも肉体的にももたなかったでしょう。

赤ちゃんの状態が混沌（こんとん）として先が見えなくなっていた5月23日（生後27日）、なにをやってもうまく行かず、私はかなり落ち込んでいました。

そんな中、いつものように帰宅すると、小学校3年の娘がマジックでTシャツに絵を描いていました。

「何を描いているの？」

「マンガのケロッピー」

「お父さんのシャツにも描いてくれない？」

「何を描くの？」

「そうだなー、ミルクをごくごくおいしそうに飲んでいる、元気そうなマナティーの赤ちゃん」

できあがった絵には「がんばれ　まな子ちゃん」と書いてもらいました（写真32）。

この赤ちゃんマナティーの人工保育を決意し、保育水槽に移そうとしたとき、赤ちゃんと偶然、眼が合いました。その眼を見て、私はハッとしました。

その眼は、私を睨みつけているようで、凄い迫力でした。とても自力で泳げないひ弱な赤ちゃんマナティーとは思えません。ビーズのようなクリッとした眼は、私を睨みつけ「私、生きてやる」と訴えているようでした。

眼の事を「まなこ」といいます。この赤ちゃんは女の子ですから、マナティーの女の子。マナティーの「マナ」と女の子の「子」そして、なにより「生きてやるぞ」と私を睨みつけていた「まなこ」の意味を重ねて、「まな子」と名付けたのです。

この名前は、私と家族だけの愛称で、正式な名前ではあ

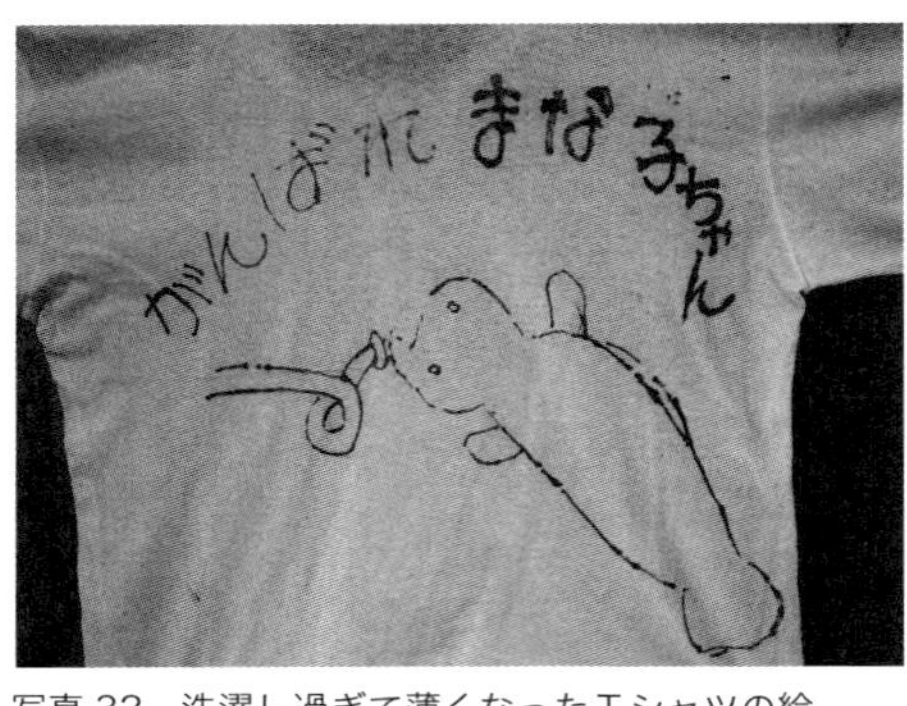

写真32　洗濯し過ぎて薄くなったＴシャツの絵

りませんが、赤ちゃんの世話をするときは、いつもこのTシャツを着ました。これを着ていると、背中の絵が私を応援してくれているように思えました（写真32）。

まな子の治療医師団「プロジェクトチーム」結成

容態（ようたい）は悪くなる一方でしたが、5月25日、3回目の通院で病気の原因がはっきりしました。これまでの検査に加え、造影剤（ぞうえいざい）を腸に注入し、腸の動きを見ながら検査する高圧浣腸造影（こうあつかんちょうぞうえい）X線検査で、腸の一部が動いていないことがわかったのです。つまり腸の一部が麻痺（まひ）し閉塞（へいそく）を起していました。いくらミルクを口から入れても、動いていない腸のところで止まってしまい、そこから先に進みません。これではミルクを飲もうにも飲めないし、便もでません。

原因がハッキリしたわけですから、これに対する治療もやりやすくなります。浜端先生に、消化器機能をよくする薬を更に強化することで、なんとか症状を改善させようとされました。

私たちスタッフはミルクの調合をやり直しました。腸の一部が動いていない状態では、濃いミルクはかえって腸に負担をかけてしまうのです。これまでのミルク濃度は100cc当り55 kcalと牛乳よりやや薄めでしたが、腸の負担を更に軽減するため、スポーツ飲料とブドウ糖等を主に100cc当り30 kcal以下にしました。

5月30日（4回目通院）の診察でも状態は変わりませんでした。やせは益々ひどく脱水症状が進んで、そのうえ白血球数も上昇し感染症の疑いも出てきました。

このときは浜端先生の顔にも危機感が感じられました。ここまで脱水が進んでしまうと、まな子も、前回の双子と同じ運命をたどる可能性があります。

腸が麻痺し機能していない状態のまな子を救うには、腸を介さない方法で栄養の入った水分を大量に補給、吸収させる事です。人間でしたら24時間点滴を行えるのですが、マナティーは水棲動物で、衰弱しているとはいえ泳ぎ回っていますから、四六時中点滴というわけにはいきません。栄養の入った水分を短時間で大量に補給する方法を考える必要がありました。

方法はただ一つ。それはまな子のお母さんメヒコが受けた治療方法で、腹腔内治療といいます。

2年前、メヒコは2回目の出産後、後産が子宮内から排出できず、それがもとで産褥熱という病気にかかりました。この病気は難産のときに多い病気です。

メヒコは、体重が500kg以上ありましたから、病院に連れて行くことができませんでした。それで県立北部病院の小堂先生が中心になって、産科、内科の先生方がドリームセンターまでこられて、治療に当たってくれました。そのお陰でメヒコは病気を克服し、元気になりました。このときの治療方法が腹腔内治療です。

この本を書くにあたって浜端先生から当時の病院側の体制について詳しく聞く事が出来ました。病気のマナティーを救って欲しいという水族館からの依頼に対し、先生方は何とか救おうと、マナティー治療医師団を結成したそうです。その医師団名を、当時ＮＨＫの人気番組の「プロジェクトＸ」をもじって「プロジェクトチーム」と言っていたそうです。

チームの代表は、小児科の小堂欣弥（こどうきんや）先生で、内科の金城光世（きんじょうみつよ）先生、産婦人科の玉城修（たまきおさむ）先生、外科は嘉陽宗史（かようむねふみ）先生、知念一（ちねんはじめ）先生が加わりました。浜端先生は当時名護病院（現在の北部病院）に着任したばかりでしたが、検査や治療の様子は小堂先生から聞いていたそうです。

ふたたび水族館から赤ちゃんマナティーの治療をお願いしたいという話が持ち込まれたとき、小堂先生は開業されていたので、今度は浜端先生がリーダーとなって、内科の金城光世先生、外科の嘉陽宗史先生、知念一先生に声を掛け、第２弾のプロジェクトチームが結成されたそうです。

こんな経緯のあった事を、当時の私はまったく知りませんでした。先生からお聞きして、まな子のお母さん、そしてまな子を救うため、先生方がどんなに真剣に取り組まれていたかをあらためて知りました。

やるしかない腹腔内治療

この治療方法は、腹腔（ふっこう）というお腹の中の空間を利用する方法です。腹腔は腹膜で出来ていて、胃や腸などはこの中にあって自由に動くことが出来ています。

腹腔内への輸液（ゆえき）（水分や電解質などを投与する治療）は、かつては緊急時の治療として行われていました。現在では主流ではありませんが、緊急時の輸液ルートとして認められています。

腹腔内治療は、腹膜を介して行う方法です。腹膜は広げると体表面と同じくらいあり、毛細血管が豊富で栄養や水分、抗生物質を短時間に大量に吸収させる事ができます。しかし、危険も伴います。

母親メヒコに用いた針は太さが２㎜、長さは30㎝もありました。まな子の場合でも長さが10㎝は必要です。この針をお腹に５～６㎝も刺すわけですから、針が腸や他の臓器に刺さる心配があります。又、針を刺すときに細菌が紛（まぎ）れ込んで腹膜炎をおこす危険性もあります。です

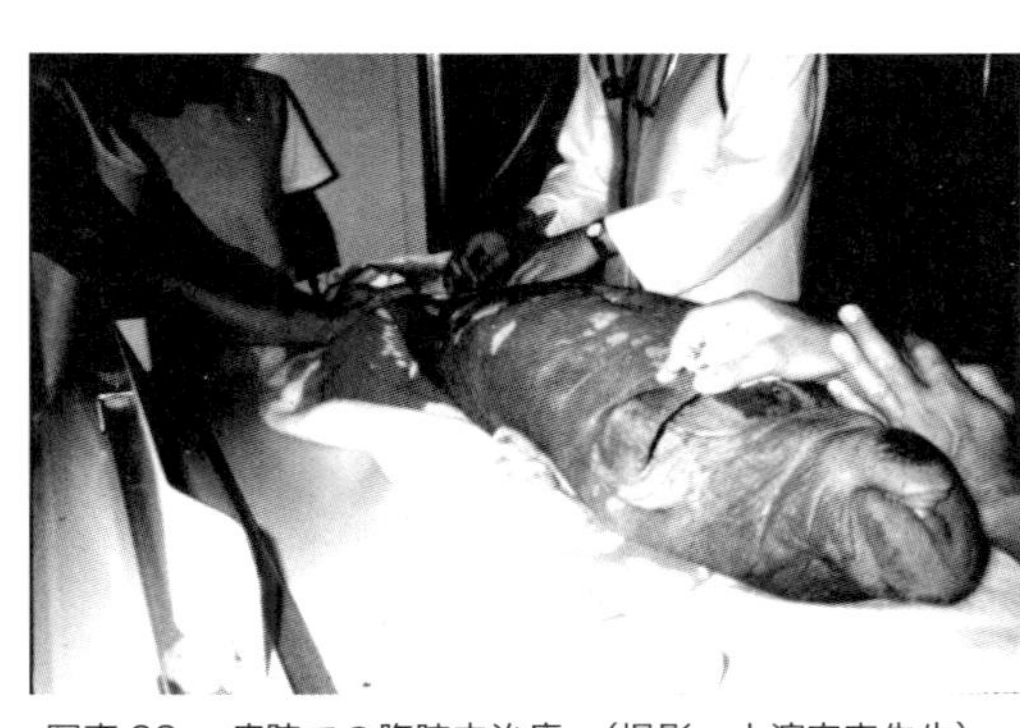

写真33　病院での腹腔内治療（撮影　小濱守安先生）

が、まな子を救うにはこの方法しかないと浜端先生は決断されました。母親メヒコの治療を知っていた事が、まな子の治療におおいに役に立ったそうです。先生は色々な検査をしながら、この治療のタイミングを見極められていたそうです。

治療は、まな子を診察台に仰向け（あおむ）けに寝かせ、私たちはまな子が動かないよう押さえました。先生は超音波診断装置（エコー）の画像で針先を確認しながら刺していきます（写真33）。針を深く刺しすぎて腸に刺さっては大変です。刺さった針の深さを測り、画像を見ながらの治療です。

針先が腹腔内に到達したと思われたとき、先生は空気を注射器で腹腔に注入されました。

その空気の泡粒が針先から腹腔内を上がってゆくのが、超音波診断装置（エコー）の画像で見えました。間違いなく針は腹腔の正しい位置に届いています。いよいよ栄養と抗生物質の入った大量の輸液の注入です。

まな子は意外とおとなしくしています。マナティーの鼻の穴には蓋（ふた）のような弁があって潜っても鼻から水が入らないようになっています。呼吸をするとき、この蓋が開きます。まな子は

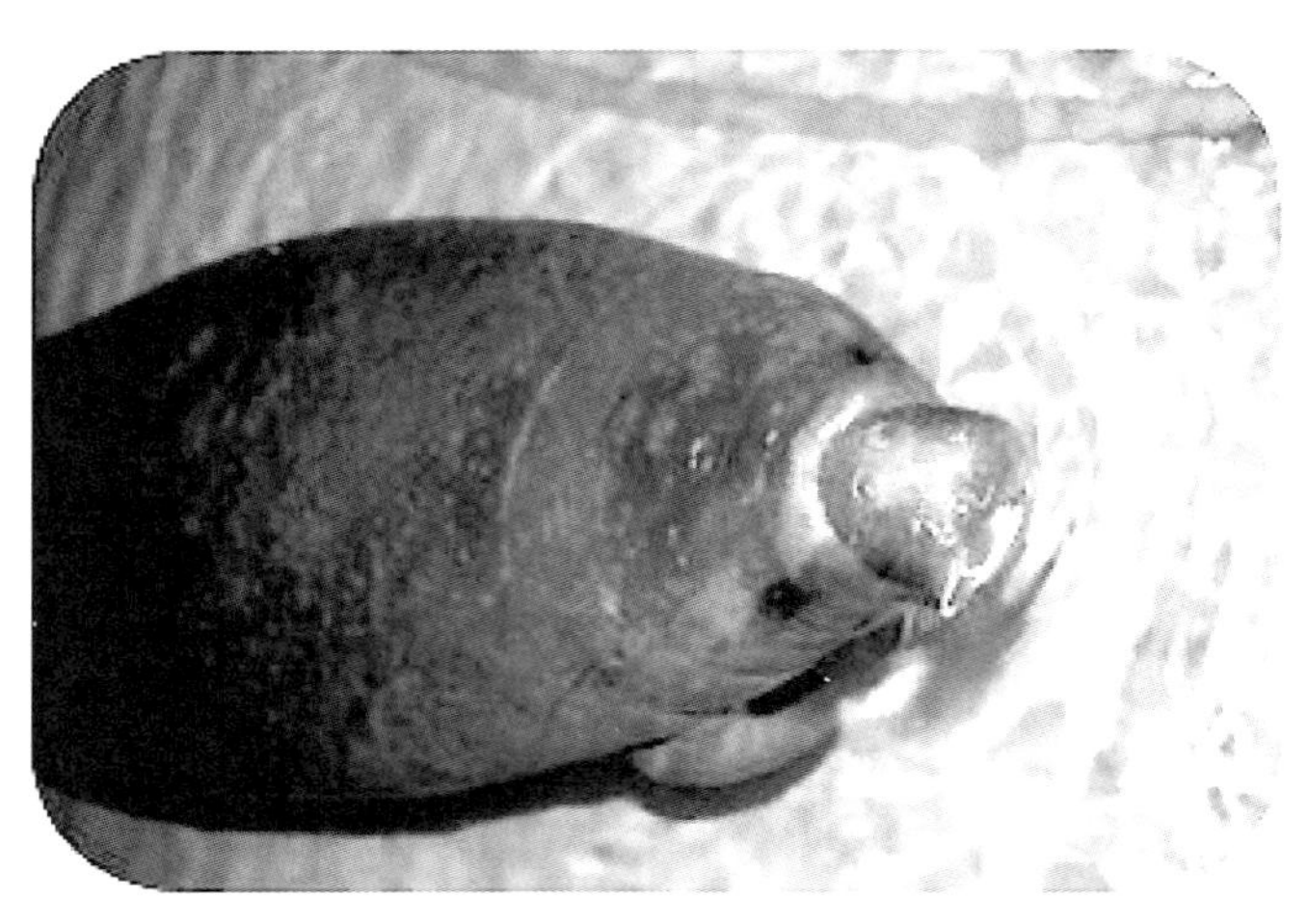

写真 34　鼻腔の弁が閉じている（撮影 浜端宏英）

この蓋を規則正しく開け閉めして、呼吸していま す。落ち着いている証拠です（写真34・35）。

20分程度で１０００ccを超える栄養や抗生物質などの輸液を注入、治療は終わりました。

針が抜かれると同時に私たちもまな子を押さえる力を緩めました。このとき、張り詰めていた緊張感もぬけてゆくのを覚えました。

ぬれたタオルでまな子の体を湿らせながら、おとなしく治療に耐えたまな子に、（よく我慢したね）と心の中でささやきました。しかし、ホッとしていられません。

水族館に戻る車中、この治療を明日から自分達だけでやらなければならない事で頭が一杯でした。

まな子はそんな事は何も知りません。毛布の上から水をかけてもらいながら治療で疲れたのか眠

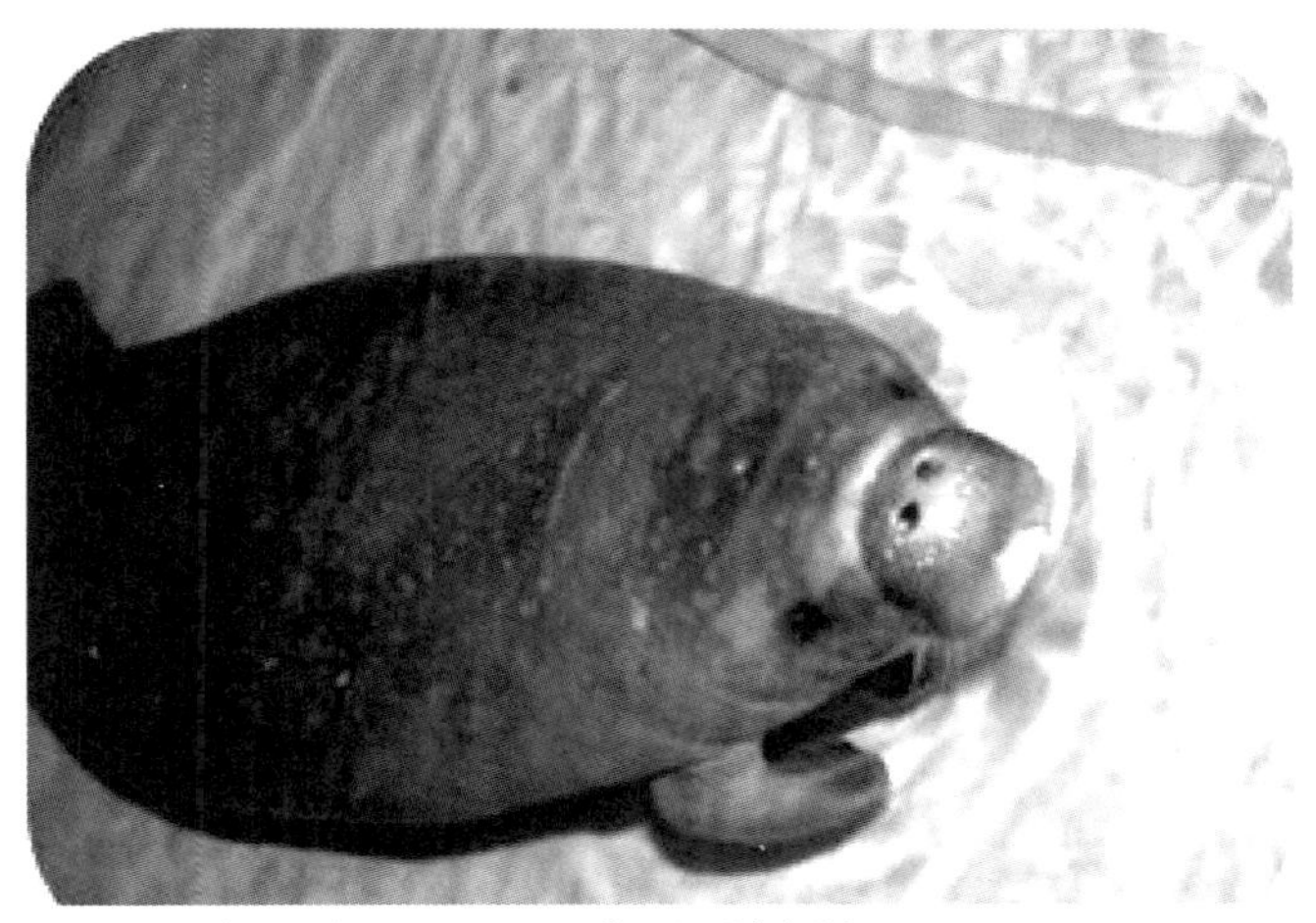

写真 35　鼻腔の弁が開いている（撮影 浜端宏英）

っているようでした。

明日から、獣医でもない私にこの治療ができるか、できるないかではなく、やるしかないのです。

病院では超音波診断装置でお腹に刺している針先の位置が確認出来ました。水族館に超音波診断装置はありません。私はその危険な部分を勘に頼るしかないのです。とても不安でした。

しかし、やるしかありません。

牛の胃汁をもらう

5月31日から水族館での危険な腹腔内治療をはじめましたが、まな子の危機的状況は続いていました。麻痺している腸の一部を正常にし、ミルクが消化できるようにしたい。治療以外に出来る事は何でもやろうと思いました。

牛のような反芻動物は胃から消化酵素を出しているのではなく、胃の中に住んでいる原虫の働きで食物を消化しやすくしています。その事を参考に、原虫の沢山いる牛の胃汁をまな子の胃に注入しても効果があるのではないかと考えました。この考えは的外れである可能性も充分ありました。しかし、まな子にとって害がなければ何でも試してみよう。何が効果を発揮するかわからない、藁をもつかむ思いでした。

授乳時間の合間、今帰仁村にある沖縄県畜産研究センターの主任研究員玉城正信さんに相談に行きました。

玉城さんも夢有民牧場の山中さん同様、以前餌のことでお世話になりました。試験場は小高い山の上にあり、そこからのながめはとてもきれいでした。はるか眼下に赤瓦の屋根が点在する緑の農地と、その向こうに真っ青なサンゴ礁の海が一望できます。

とにかく出来る、出来ないは関係なく、玉城さんに相談してみよう。もしかしたらとんでもない話と一笑にふされるかも知れない。それでもいい。

もし仮に私の考えを理解していただけたとしても、実際に牛の胃汁を採取するのは大変な作業だろうから、いますぐというわけにはいかない。後日、研究センターの予定で胃汁を採取するときがあったら、そのついでにという事になるだろうと思っていました。それでもセンターの門をくぐるときは、何故かドキドキしました。

久し振りに会う玉城さんは、私の話を黙って聞いておられました。

そして話が終わると、

「いいですよ、それじゃこれからすぐに採取しましょう」

と、いとも簡単に言うのです。

まさかすぐに胃汁が採取できると思ってもいませんでしたから、私は戸惑いました。

玉城さんはいったん部屋を出られ、しばらくしてビニール袋を持ってふたたび現れました。

「サー、行きましょう」

私は、半信半疑で、玉城さんの後について行きました。

放牧地には一頭の牛が松の木に縛られ、のんびりと草を食べています。その眺めは牧歌的で、とてもゆったりと時間が流れているようでした。

この牛からどうやって胃汁を取るのだろう。信じられない気分でした。玉城さんの後について行き、牛の横腹を見て、私はビックリしました。

牛の横腹の真ん中に直径15㎝ほどの赤茶色のゴム栓がしてあるのです（絵2）。つまり牛の胃袋に直接穴が開けられ、そこにゴム栓を付けているわけです。栓を開ければそこは胃の中、食べた草の状態はいつでも見られます。胃の中では牧草がコンクリートミキサーでかきまわすように動いています（絵3）。

玉城さんが栓を抜いても、牛は無関心に草を食べ続けています。玉城さんはビニール袋ごと中に手を入れ、牧草と一緒に胃汁をすくってくれました。そして何事も無かったかのようにふたたび栓をし、その間も牛は牧草を食べ続けていました。

この牛は食べた牧草の消化状況を調べる目的でこうした手術をしたそうです。胃汁を採取するたびに毎回毎回口からチューブを入れるより、この方が牛にストレスをかけずに済むからです。

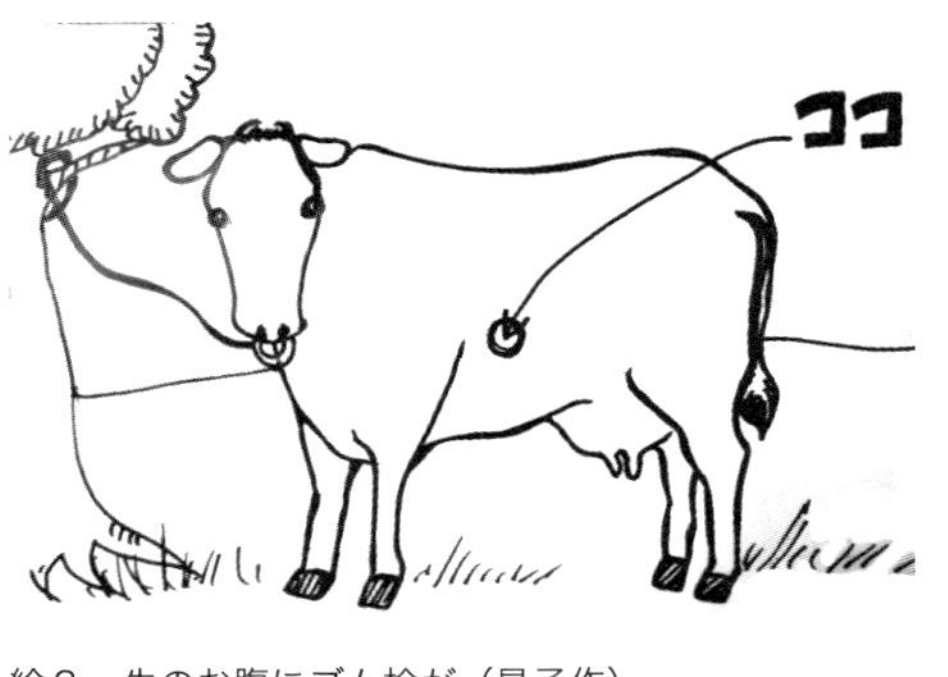

絵２　牛のお腹にゴム栓が（星子作）

絵３　牛の胃の様子（星子作）

私は、まな子にチューブでミルクを飲ませたとき、嫌がって大暴れしたのを思い出しました。チューブは、まな子にとって大変なストレスでした。この牛の姿と胃汁が採られる様子を見て、止めてよかったと思いました。

玉城さんはビニール袋を私に渡しながら、「必要になったらいつでも取りに来ていいですよ」と言って、見送ってくれました。ミラー越しに手を振っている玉城さんの姿を見て、なんとしてもまな子を丈夫に育てようと思いました。

胃汁はサプリメント的で、眼に見えるような効果が現れたわけではありませんが、私はやって良かったと思っています。

自信をもって腹腔内に針をさす　［プッンという音を聞く］

腹腔内治療は27日間行いましたが、この危険な治療に、まな子はよく耐えてくれました。

治療は私が行ったのですが、このときの緊張は今でも忘れられません。病院では超音波画像診断装置（エコー検査）で針先が腹腔（ふっこう）に達しているのを確認できました。しかし装置のない水族館では、この大切な部分を勘（かん）に頼るしかありませんでした。針が浅すぎると筋肉に薬を注入する事になりますから、激痛を伴い、その部分が腫れてきます。深すぎると内臓に刺さる危険があります。

針を刺す位置は毎日変えなければなりません。同じ場所に刺していると、その部分が固くしこりになってしまうからです。針を刺す場所は、おへそから生殖孔の間の

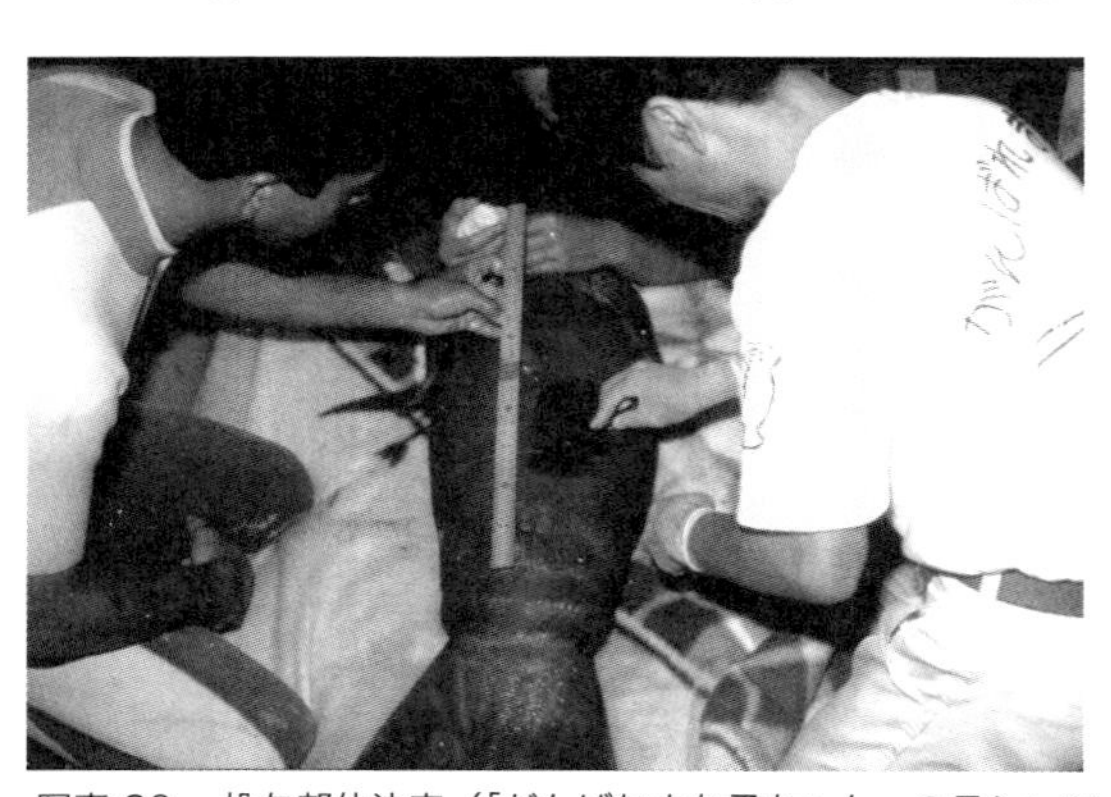

写真 36　投与部位決定（「がんばれまな子ちゃん」のTシャツを着て治療）

写真37　投与部位記録（飼育日誌）

正中線（体の縦の中心線）を避けた左右どちらかです（写真36）。毎回針を刺す位置を測定、記録する事で、同じ場所に刺さないようにしました（写真37）。

　針を刺したとき、薬の入り具合が悪いと針先が腹腔に達しておらず、筋肉層の可能性があります。逆に入りが良すぎても、針が腸に刺さっているように思え、折角上手く注入されているのに、不安になってやり直す事もありました。

　心配し始めると、いやなことばかり考えてしまいます。しかし、何回か行っているうちに、あることに気付きました。腹腔の内側にも腹膜という薄い膜があります。その膜を針が突き通るとき、耳をお腹に近付け聞いていると、プツンというかすかな音が聞こえるのです。この音がすると、針先は確実に腹腔内に達しています。これに気付いてからは随分気持ちが楽になり、自信を持って針を刺せるようになりました。

　治療を始めたころはとても怖かったのですが、なにごとも最初から「出来ない」と思わないでやれば、必ず道は開けるものです。これもなんとかまな子を救いたいという一念からだったと思います（写真38・39・40）。

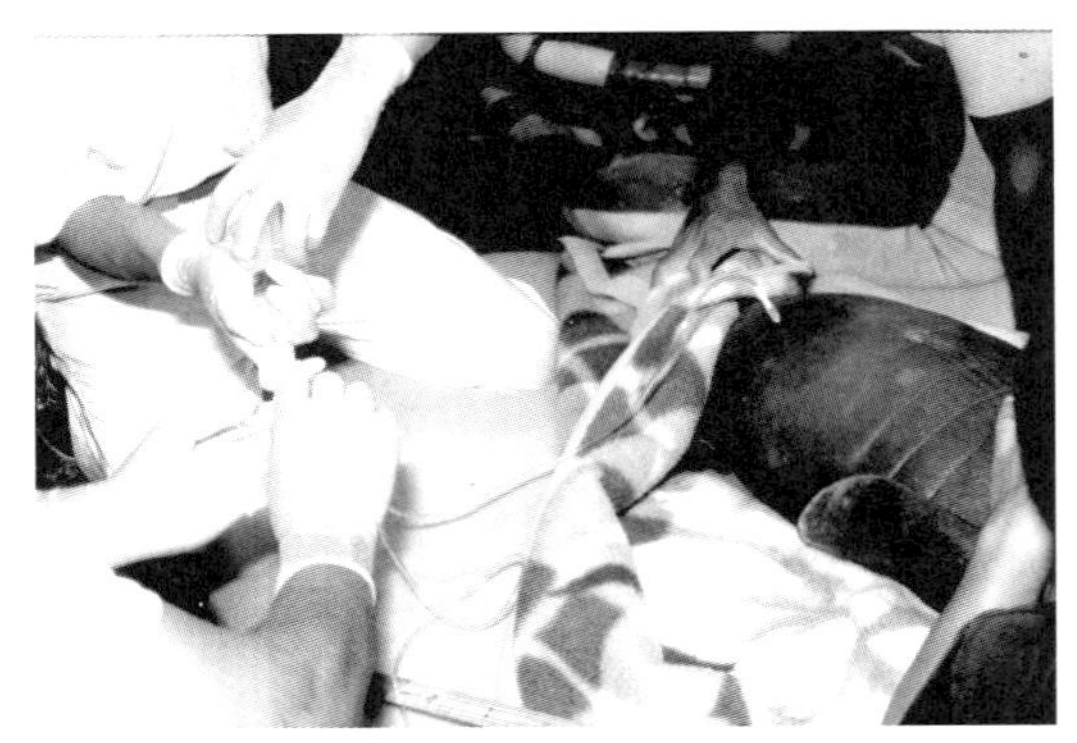

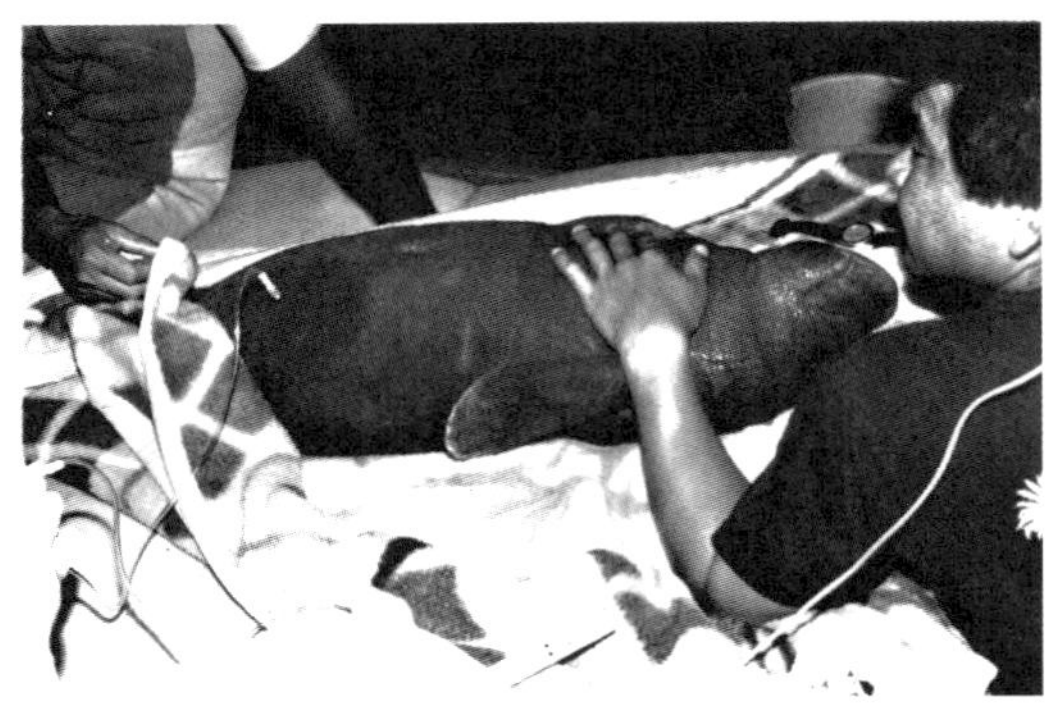

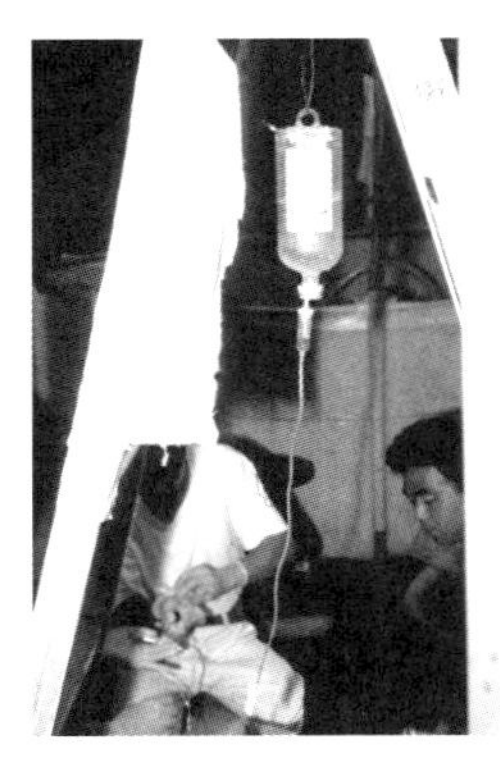

写真 38（上） 薬剤投与中
写真 39（中） おとなしく治療を受けるまな子
写真 40（下） 投与システム（薬剤を点滴ボトルより注射器に入れ、そこから腹腔内に圧送）

オナラとうんこに一喜一憂　［治療の効果現れる］

腹腔内治療を始めて7日ほどすると、ミルクは一日２０００cc以上を飲むようになりました。しかし、各回のミルク吸飲量は相変わらず不安定で、排便も思うようにありませんでした。排便促進のため浣腸（かんちょう）をしましたが、さほど効果があがりませんでした。浜端先生と相談し、麻痺（まひ）していた腸がどうなっているか、再度検査する事にしました。６月13日、５回目の通院です。前回と同じ高圧浣腸造影（こうあつかんちょうぞうえい）X線検査が始まり、まわりに緊張感が漂いました。

まな子の腸が映し出されました。画像には、前回と違って活発に動く腸が映っています。腸はまるで串団子が膨（ふく）らんだりしぼんだりしているようで、膨らんだ団子の部分がどんどん肛門（こうもん）の方へ移動して行きます（写真41）。腹腔内治療前の腸は、１本のソーセージのようで、まったく動きがありませんでした（写真42）。

串団子が動くような腸の動きを蠕動運動（ぜんどううんどう）といい、この動きのおかげで食べた物が消化され、水分を吸収しながら肛門（こうもん）へと移動し、やがて便になって排出されます。

腸が写真41のように正常に動いているのを見たときは、感激でした。膨らんだりしぼんだりする腸は、それだけで一つの生き物のようでした。この活発な動きを見て、これでまな子を救えると思いました。喜んだのは、私だけではありません。治療に当たっている浜端先生も言葉には出しませんが、とても喜んでおられました。

当時の私の日記にこんな記述が残っています。

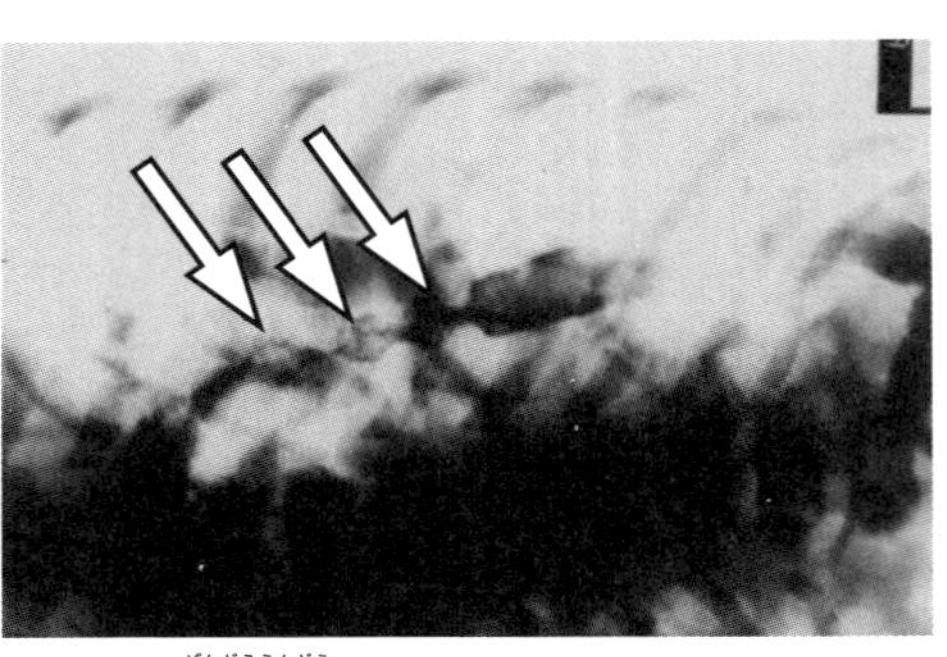

写真 41　蠕動運動が現れる（治療後、腸が串団子状
撮影 6 月 13 日）

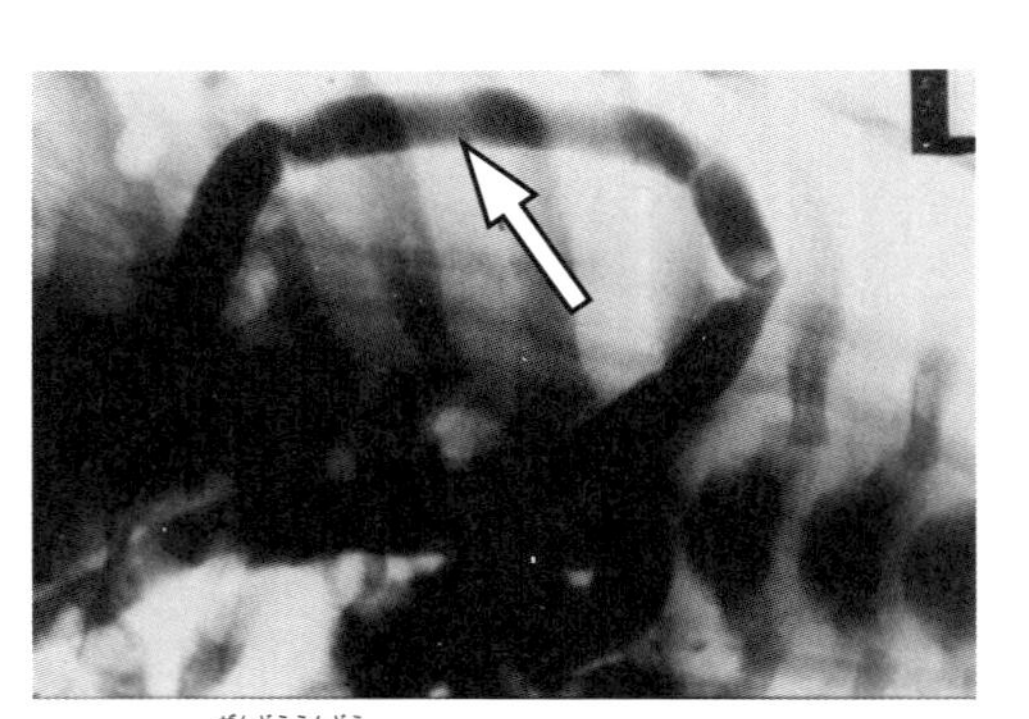

写真 42　蠕動運動が無い（治療前、腸がホース状
撮影 5 月 25 日）

先生は、活発に動く腸をご覧になられ、私たちに正常な腸の動きについて説明され、まわりにおられる他の先生や看護師さんの誰に向って言うでもなく『どうだーかわいいだろう』と言い廊下に出られた。背中越しにその声を聞き、先生の顔は見えないが、その言葉に先生の喜びを感じた。

心配していた排便が少ない訳は、ミルクの濃度が薄いのと、ミルクの消化効率が良く、便になる未消化物が少なかったからでした。

しかし、まだまだ試練は続きました。その後、まな子は白血球が上昇し、感染症にかかってしまったのです。抗生物質の投与回数の関係で、腹腔内治療を朝夕2回行わなければならなくなりました。まな子はこの大変な治療に良く耐えてくれました。

補液の量は、治療前にまな子の体重を測(はか)って、体重の減った分だけにしました。例えば体重が300g減った場合、補液を300cc投与といった具合です。

体重を測り終わって、いよいよ治療です。まず腸が正常に動いているか調べます。聴診器(ちょうしんき)を当て、腸が蠕動運動(ぜんどううんどう)をしているときの音を聞くのです。この音を腹鳴(ふくめい)と言います。私たちもお腹がぐるぐる鳴るときは腸が活発に動いている証(あかし)です。

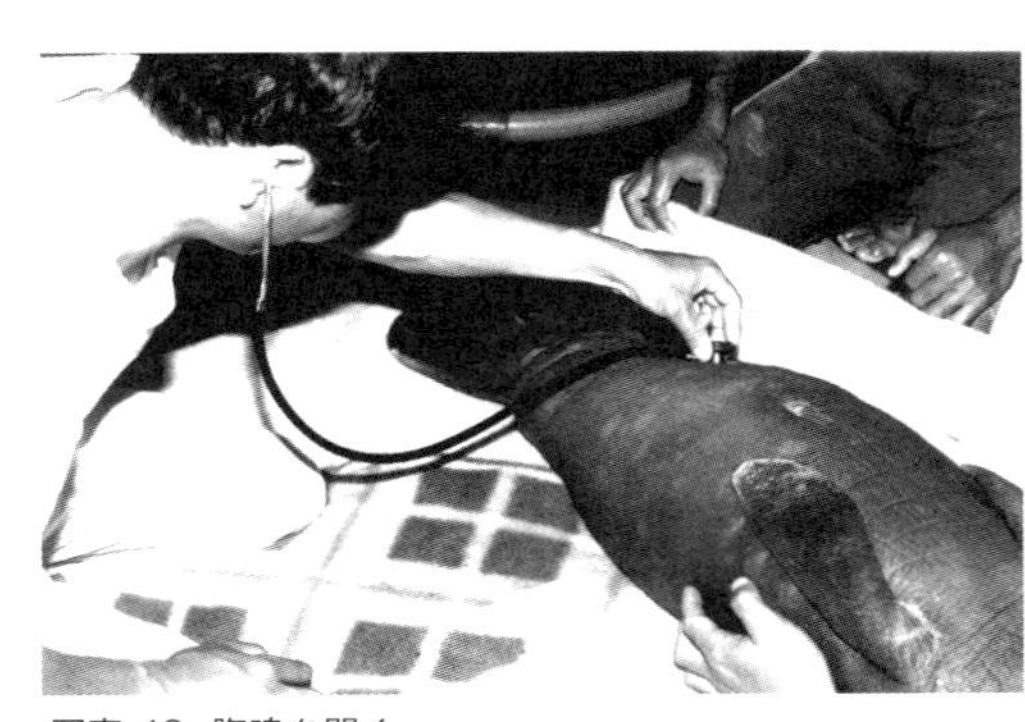

写真 43 腹鳴を聞く

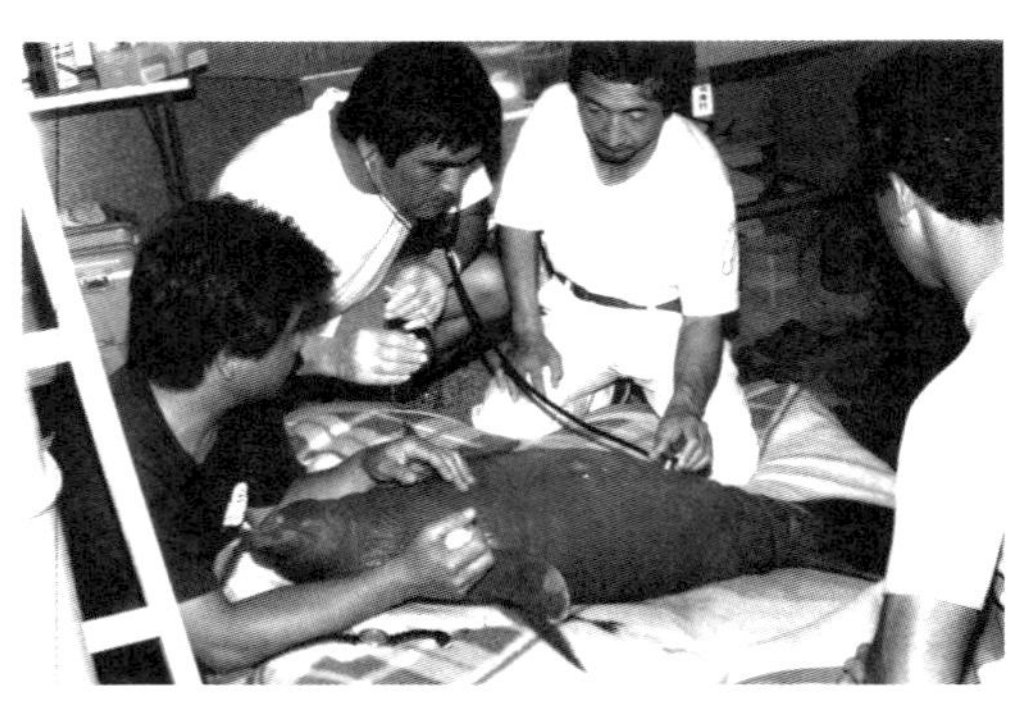

写真 44 腹鳴を皆で聞き合う

聴診器から聞こえてくるグルグルグーという音にホッとし、交代でこの音を聴き「動いている、動いている」と喜びました（写真43・44）。

この頃になると、排便も自力で出来るようになりました（表5）。まな子の泳ぐ後からオナラが可愛い泡粒になって追いかけるようにプクプクと上がってきます。その泡が水面で爆ぜた直後に手をパーと開いてオナラをつかみ取り、握った手を鼻先で開いて臭いを嗅ぎます。健康なときのオナラはほとんど臭いがありません。

この方法は、子供の頃よくやった悪戯の「握りっ屁」の応用です。オナラが出そうになるとズボンの上からお尻に手を添えて、出てきたオナラをつかみ取り、友達の鼻面でパッと開いて臭いを嗅がす悪戯です。けっこう手の中に臭いが残っていて、嗅がされた方はたまりません。「やられた、クソー」と悔しがったものでした。この悪戯がまな子の健康管理に役立つとは思いもよりませんでした。なにせつかんだオナラを嗅いだり嗅がせたりして、お互いに臭いの無いのを喜びあっているのですから。

表一5　放屁・排便状況

月　日	放　屁	排　便
6月20日	1:56(1),4:45(3),5:29(4)	13:0(3,3.1g),15:09(2.71g,黄褐色)
	5:30(多),5:54(3),11:54(少)	15:32(少),15:40(4.13g),15:46(0.13g)
	13:10(少),13:18(3)	16:14(1.22g),計11.5g
	15:19(6),15:35(多),	
	15:37(多),15:40(多),15:55(多)	
	16:0(少),16:15(多),17:0(多)	
6月23日	1:01(少),1:13(少泡多)	12:35(水溶性沈下便1cm2個,回収出来ず)
	2:18(2～3),4;39(少)	15:19(少),2:18(2～3),4:39(少)
6月29日	14:55(多),15:21(少)	15:0(治療後小固形沈下チリ便)
	,18:15(1)、5:29(10),5:52(10)	15:05(少),15:22(少沈下),18:21(水溶性)
		18:22(水溶性多),15:23(沈下9.8g)
		18:46(少),22:55(s少)
6月30日	5:29(少),5:52(少),	
	12:46(多中泡16)	
	12:53(多大泡14),13:13～15(多)	
	13:20(少),15:04(多),	

表5　放屁、排便状況

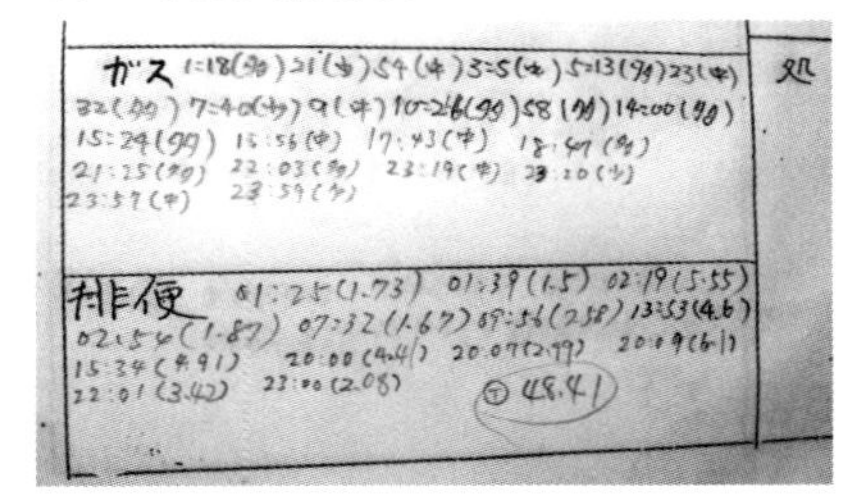
ガス 1:18(多) 21(中) 54(中) 3:5(中) 5:13(多) 23(中)
32(多) 7:40(少) 9(中) 10:26(多) 58(多) 14:00(多)
15:24(多) 15:56(中) 17:43(中) 18:47(多)
21:25(多) 22:03(多) 23:19(中) 23:20(少)
23:57(中) 23:59(少)
排便 01:25(1.73) 01:39(1.5) 02:19(5.55)
02:54(1.87) 07:32(1.67) 09:56(2.58) 13:53(4.6)
15:34(4.91) 20:00(4.41) 20:07(2.99) 20:19(6.1)
22:01(3.42) 23:00(2.08) ⊕48.41
処

写真45　放屁、排便記録（飼育日誌）

私たちは、オナラやうんこが出るのを見て、「出た、出た」と大喜びしました。まな子が順調になってきて、スタッフの顔も明るくなり笑いがふえました。まな子のオナラやうんこは、私たちにとって宝物でした。

当時の日記を見ると毎日オナラの出た時間、泡の大きさ、数、うんこの大きさ等が克明に記録されています（写真45）。

治療に耐えたまな子

初めて県立北部病院に連れて行ったのが5月16日でした。その後5月23日、5月25日と通院し、まな子の腸の一部に麻痺（まひ）のあることがわかりました。腹腔内治療を開始したのが5月30日で、治療の甲斐（かい）があって6月13日、5回目の通院で腸が正常に動いているのが確認出来ました（表6）。そして、すべての治療が終わったのが7月6日でした。

治療は42日間という長い期間で、その内、危険な腹腔内治療は27日間行いました。

7月5日、ミルクの飲み方、排便状況、血液検査の結果から、先生が「明日から腹腔内治療を止め、しばらく様子を見ましょう」とおっしゃられたとき、私は嬉しさのあまり言葉が出ませんでした。もう危険な治療をしなくてもいいんだ……。体の力がフッと抜け、めまいのような安堵感（あんどかん）を覚えました。

通院回数	通院日	治療内容	診断結果
	1990年		
1	5月16日	X線、超音波造影診断、血液検査	腸蠕動運動微弱
2	5月23日	々	改善無し
3	5月25日	高圧浣腸造影X線、超音波診断 血液検査	腸の一部に麻痺性イレウス（閉塞） 腸蠕動運動微弱
4	5月30日	々	改善無し（腹腔内投与開始）
5	6月13日	々	腸麻痺性イレウス改善 腸蠕動運動正常

表6　まな子通院状況

今までのいろいろな事が思いだされました。

生まれてまもなくどんどんやせ、しわだらけになって弱ってゆくまな子。ミルクをほとんど飲んでくれないまな子。

小さなまな子のお腹に針を５～６㎝も刺すときの不安、それに耐えるまな子。

この危険な治療は、治療する側にとっても大きな苦痛でした。治療効果がなかなか現れない頃、水族館スタッフの中から可愛そうだから止めた方が良いという意見もささやかれました。

そんなとき勇気付けてくれたのが、浜端先生のまな子に対する真剣な取り組みでした。治療の先頭に立っていた私ですらくじけそうになり、もう止めようと思った事もありました。

私は、スタッフに治療の必要性を話しました。


もし、自分の子供が病気になったとき、みんなはどうする。病院に連れて行きお医者さんに見てもらい、治療を受けるでしょう。それは治ると信じるからでしょう。

この赤ちゃんにとって、私たちはお母さんであり、お父さんだ。赤ちゃんが必死で病気と戦い、辛い治療に耐えているとき、かわいそうだから治療を止めるという親はいない。

獣医でもない自分達が治療を行わなければならないから一層辛くなるけれど、先生がしっかり支えてくれている。

双子は、お医者さんに診てもらわなくて死んでしまった。

今、自分達がしなければならないのは、治療を止める事ではなく、生きようと必死で治療に耐えているまな子と同じように、耐える事だ。

今、僕らがギブアップしたら、誰がまな子の面倒を見る？

まな子は頑張っている。


これらの言葉は、スタッフへというより、くじけそうになる自分自身に対する言葉でした。

Ⅳ

世界で初めて CT検査を受けたマナティー

〔まな子／ユメコ成長記録〕

出産時の体重をこえた

私たちは、まな子の体重が出生時を越えるのをどんなに待ち望んだかわかりません。

新生児平均体重は34kgといわれて[9]、飼育下で生育可能と思われる最小個体の体長は99㎝、体重28・6kgでした[14]。まな子はそれよりも小さく、22・7kgしかありません。

出産時の体重を初めて越えたのは、生後60日目の6月25日でした。そのときの体重は22・8kgで、わずか100g増ですが、感激でした。20・8kgまで減って、これ以上痩(や)せたら危険だった頃から考えると、夢のようです。

まな子の体重測定は、まず係員がまな子を抱いて体重を測ります。その後、まな子を抱かずに測るとその差がまな子の体重になります。

まな子の体重が出生時を越えたとき、「やったー」と歓声と拍手があがりました。でももしかしたら、測り間違いではないかと心配になり、もう一度測り直すありさまで、間違いないとわかると、また拍手でした。まるで優勝祝賀会みたいでした。

この頃になるとミルクの吸飲量も毎回安定しました。それで1回の授乳量を徐々に増やし、

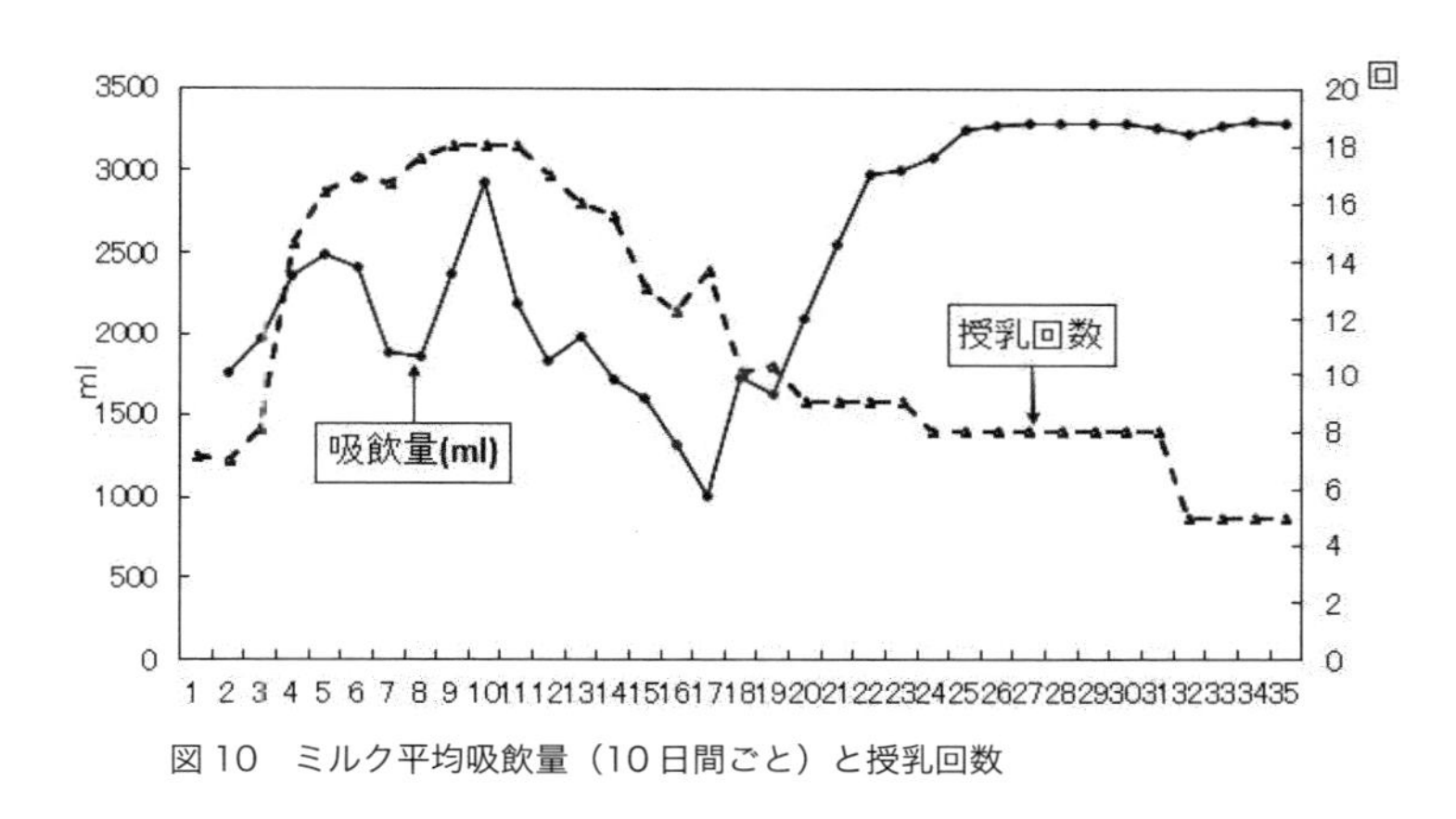

図10　ミルク平均吸飲量（10日間ごと）と授乳回数

その分授乳回数を減らしました（図10）。

まな子が元気になり始めた6月27日のことです。可愛い保育園児の訪問に、私たちはとても勇気づけられました。名護市の「青い海保育園」の園児十数名と東江園長先生、保母さんたちです。

園児を代表して大鶴君が「頑張ってください、赤ちゃんマナティー」という手紙を朗読してくれました。大鶴君の可愛い手と握手したとき、思わず目頭が熱くなり、園児達の期待に必ず応えようと思いました。園児たちからもらった千羽鶴は、まな子が別のプールに移されたときも一緒で、プールサイドに飾られていました。

24時間態勢でまな子の育児と観察を行うには、飼育スタッフだけでは人手が足りません。

そこで深夜の観察を琉球大学の学生に手伝ってもらうことになりました。

ある学生は、まな子が元気に育ってお母さんお父さんと一緒に過ごせるようにと、観察の合間に特技の折り紙でマナティー親子を折ってくれました（写真45）。

みんなが、まな子を思っていました。

まな子は、一時的に体調を崩す事はありましたが、ほぼ順調で7月6日には薬を止め、すべての治療を終えることができました。まな子は病気に打ち勝ったのです。まな子も、そしてスタッフも良く頑張ってくれました。

写真45　マナティーの折り紙

このとき、体重は23・4kgになっていました。体重が驚異的に増え始めたのは7月15日、生後80日頃からでした。この頃になると毎日の体重測定が楽しみでした。それ以前は、正直、体重を測るのが怖く、わずかな増減に一喜一憂でした。

体重が順調に増え始めると、測定が楽しみになり、どれくらい増えたか、増えた量を当てっこするゲームがスタッフの間で始まりました。予想が実際の体重に一番近い人は、一番外れた人からジュースをプレゼントしてもらうというのです。真夏、40℃近い温室の中での育児です。冷たいジュースを美味そうに一気飲みする当選者を見ながら、まな子がいつもこんなふうに飲んでくれたらと思いました。

この頃になるとみんなの顔も明るくなり、気持ちに余裕が出てきました。

まな子は、成長の遅れを取り戻そうとするかのように、体重がどんどん増えました。順調に増え始めた7月15日から10月23日までの１００日間の増加量を、１日の増加量に換算すると、２５９ｇ／日と驚異的でした。

この１００日間で体重は50・２kgと、生まれたときの2倍以上になっています。体長は体重の増加より10日ほど遅れ、生後90日頃から伸びてきました（図11）。

体重と体長の増え方について浜端先生にお聞きしたのですが、人間の赤ちゃんの場合、通常は体重も体長も一緒に増えるそうですが、特殊な例として愛情不足の子は身長が伸びず、愛情が確保されると伸びてくるそうです。

当初、まな子の不安な気持ちに、私たちは十分に対処できておらず、その結果がこの遅れにつながった可能性もあります。

しかし、その後は順調で、生後90日から１８０日までの90日間の10日間ごとの伸び率は２・７㎝／10日でした。この伸び率はアメリカシーワールドフロリダの例とほぼ同じです（図12）。

シーワールドの人工保育例と私たちが育てたまな子の成長を比較してみると、まな子の方がはるかに優れています。成長状態を客観的に比較できる体長と体重の関係を式で表す体長体重

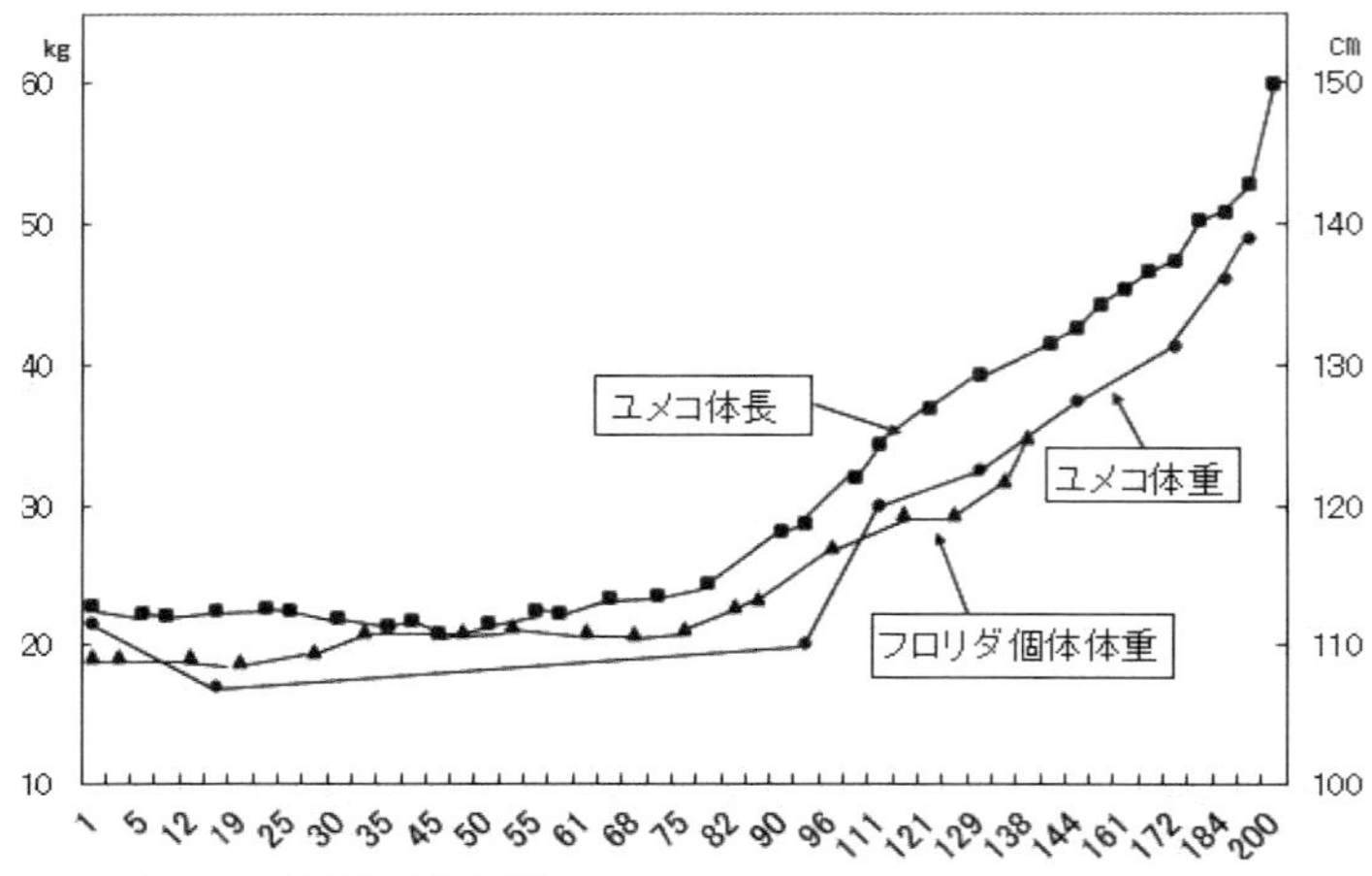

図 11　体長体重増加状況

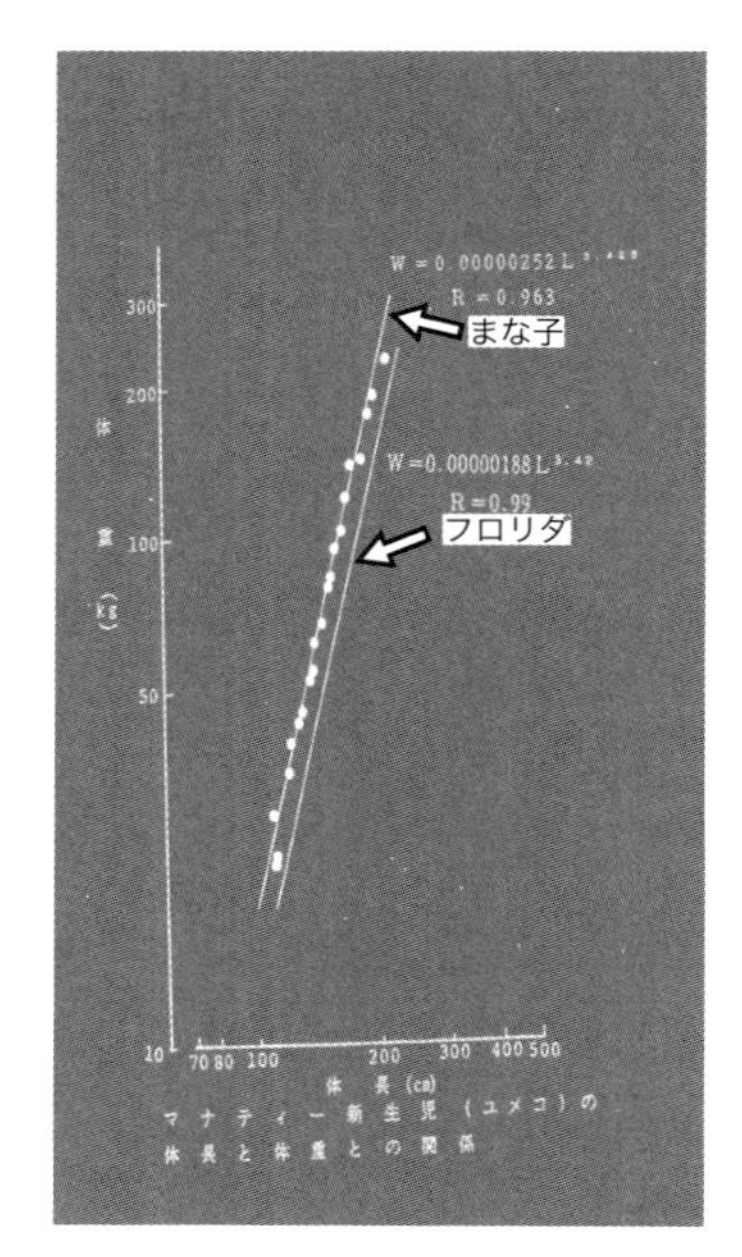

図 12　まな子（ユメコ）とフロリダ孤児体長体重関係式

関係式は図12のようになり、まな子の成長が優れているのがわかります。この成長を支えてくれたのが「沖縄ミルク」で、成長の遅れを取り戻した立役者です（表４）。

初めてレタスを食べた　［野菜食への切り替え］

マナティーの新生児が野菜などの植物食を始める時期について、西脇先生の論文では、親の食べ物に生後１～３か月で興味を示し始めると述べ、Caldwell は生後38日目でレタスを食べ始めたと報告しています。多分、個体差や個体の状況によって、その時期にばらつきがでるのでしょう[4][15]。

まな子がレタスに興味を示し始めたのは、生後１０６日の8月10日でした。最初からレタスを怖がらず、顔や体を擦（す）り付け良く遊びましたが、食べようとはしませんでした。

私たちはまな子にミルクを飲ませた後、時間の許す限り一緒に過ごすようにしていました。お腹をさすって排便を促（うなが）すためと、なにより触れ合いを大切にしたからです。

私がプール壁にもたれ、ジッとしていると、まな子は膝（ひざ）の間に入ってきます。体やお腹をさ

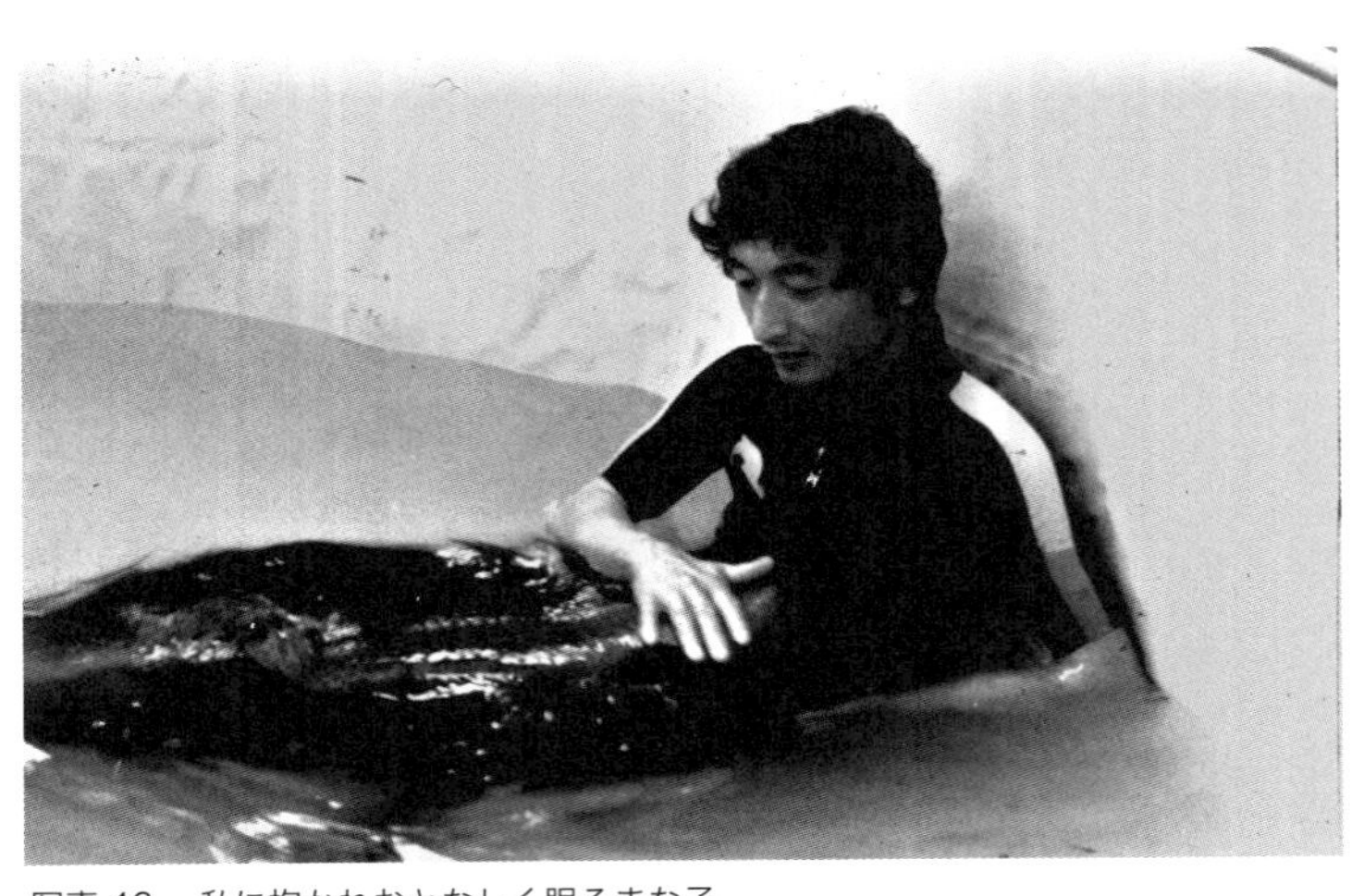

写真46　私に抱かれおとなしく眠るまな子

すってやると気持ちが良いのか、そのまま眠ってしまう事もありました（写真46）。

ときには可愛いオナラがプクプクと水面に浮かんできて、それを見て、私はまな子を育てている喜びに浸りました。

そんな中、まな子がレタスを食べる偶然のチャンスがやってきました。

8月12日、いつものようにミルクを飲ませた後、まな子を抱いていると、ウエットスーツの袖（そで）に口を押し付け　遊びはじめました。ふとレタスをくわえさせたらどうなるだろうと、浮いていたレタスのかけらを口に差し込んでみました。するとまな子は嫌がりもせず、そのままクシャクシャするではありませんか（写真47）。

クシャクシャしながら口から出したり入れたりしているうちにレタスが見えなくなりました。確

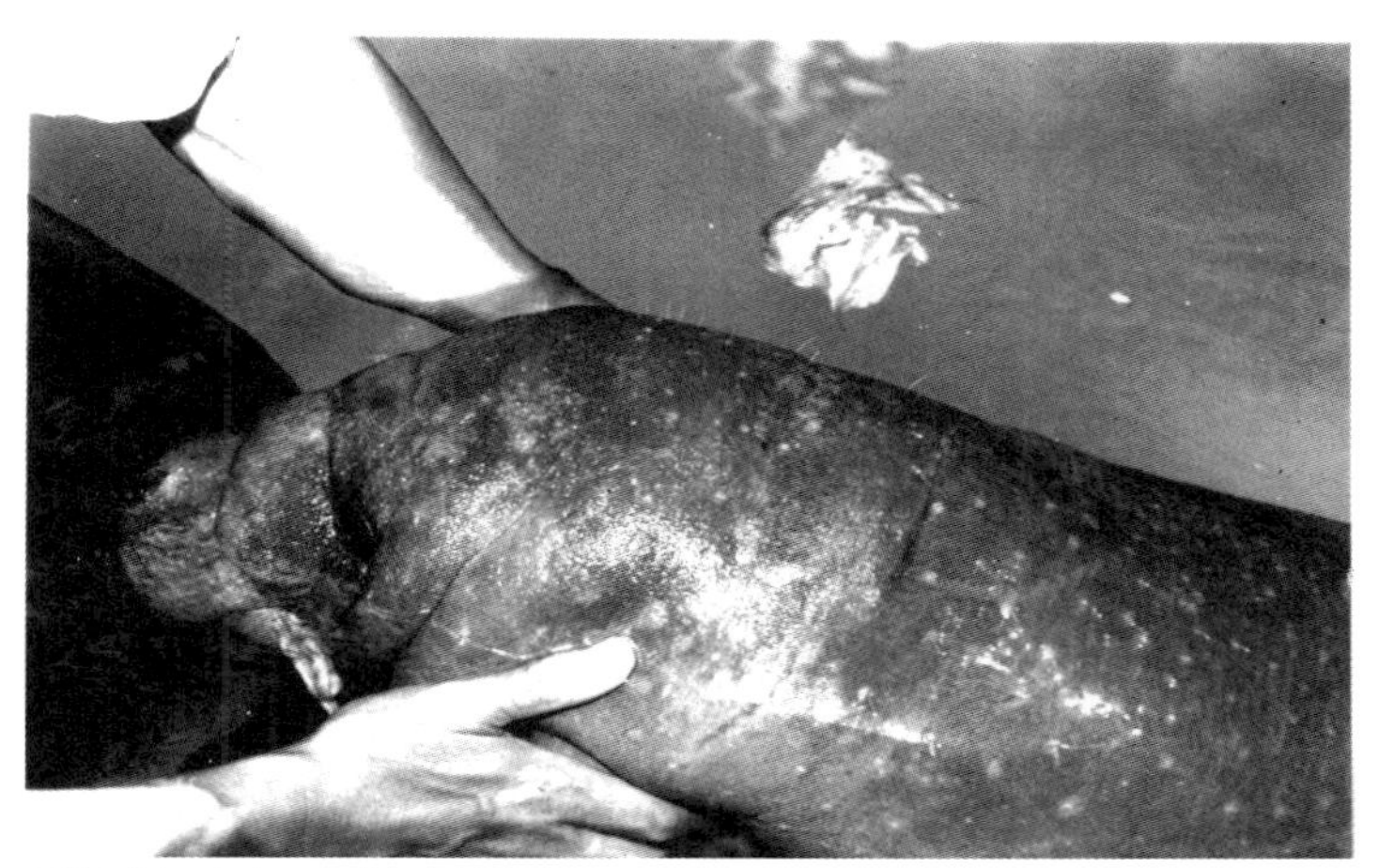
写真 47　レタスをくわえはじめる

証はありませんが、食べたと思いました。
翌日、水槽中央にレタスやホテイアオイを錘（いかり）に付け沈めてみましました。
まな子はその中に頭や体を押し付け、レタスを口にくわえグジャグジャしていましたが、遊んでいるだけなのか、少しは食べているのか、よくわかりませんでした。
それから2〜3日して、便にレタスやホテイアオイの繊維（せんい）が混じっているのが見つかり、確実に食べているとわかりました（写真48）。

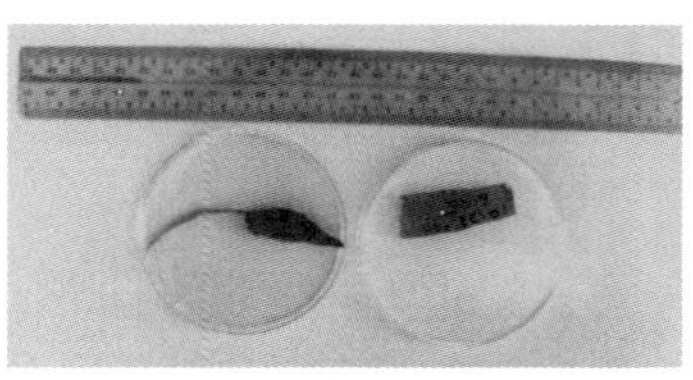
写真 48　便中に未消化のホテイアオイ（未消化の繊維が尻尾のように出ている）

計量できるほどレタスやホテイアオイを食べるようになったのが、生後181日目の10月24日でした。その

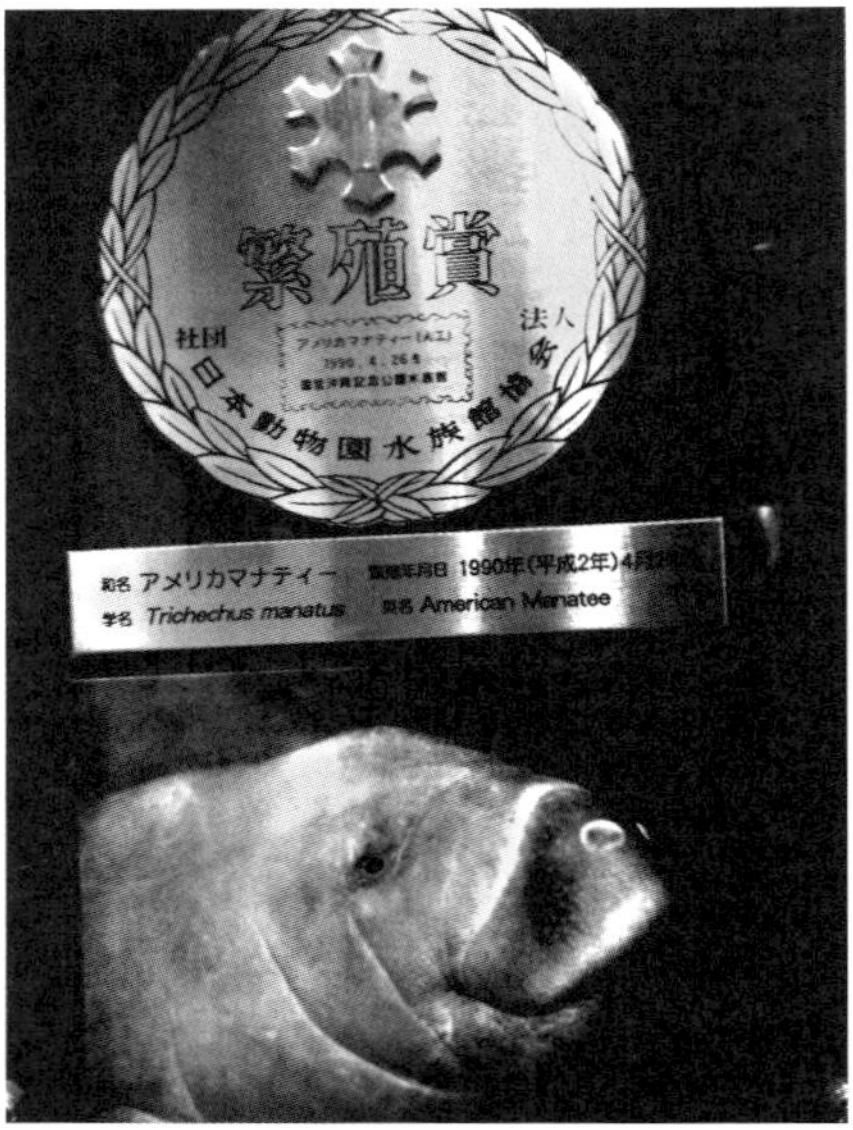

写真49　繁殖賞

ときの量は、レタス、ホテイアオイを合わせて１９５ｇでした。

この日は、まな子が野菜食を本格的に始めた日であるとともに、ある特別な意味のある日でもありました。それは日本動物園水族館協会が認定している繁殖賞の規定をクリアーできた事です。

繁殖賞とは、飼育している野生動物が飼育下で妊娠し、赤ちゃんが生まれ、その赤ちゃんが6ヶ月以上生存した、日本初の事例に送られる賞です。この賞を受ける事は、飼育係にとって、とても名誉です(写真49)。病気に耐え、ここまで頑張ってくれたまな子を思うと、感無量でした。

その後、まな子は順調にレタスやホテイアオイを食べていましたが、嗜好性(しこうせい)に変化が現われました。

食べた量を計り始めた10月24日から5日間ごとの内容を見てみると、最初の5日間は平均でホテイアオイが131g/日、レタスが100g/日でした。次の5日間もホテイアオイの方が好まれ123g/日に対し、レタスはわずか27g/日でした。

ところがその後は、急に逆転しホテイアオイよりレタスを好み始めました。

次の5日間では、レタスが626g/日に対し、ホテイアオイは148g/日とレタスが上回りました。それ以後レタスは4kg、5kgとどんどん増えましたが、ホテイアオイは1kgを越えません（図13）（写真50）。

この傾向は成獣になってても変わることはありませんでした。これはお母さんのメヒコ、お父さんのユカタンでも同じです。

他の草食動物でも飼育下では、野生で食べていた植物より野菜を好むようになるようです。長野県大町市立山岳博物館で飼育されていたカモシカも、野生で食べていたコナラやウラジロなど樹木の葉より、りんご、ニンジンを好んだようです。[16] 飼育していると野性味が失われる例かもしれません。

これまで私が面倒を見たすべてのマナティーで、一番好まれたのがニンジンでした。まな子が野菜食を始めた当初、ニンジンは硬くて繊維性が乏しく消化しにくいだろうと考え、与えませんでした。初めてニンジンをあたえたのは生後286日、1991年2月6日でしたが、ま

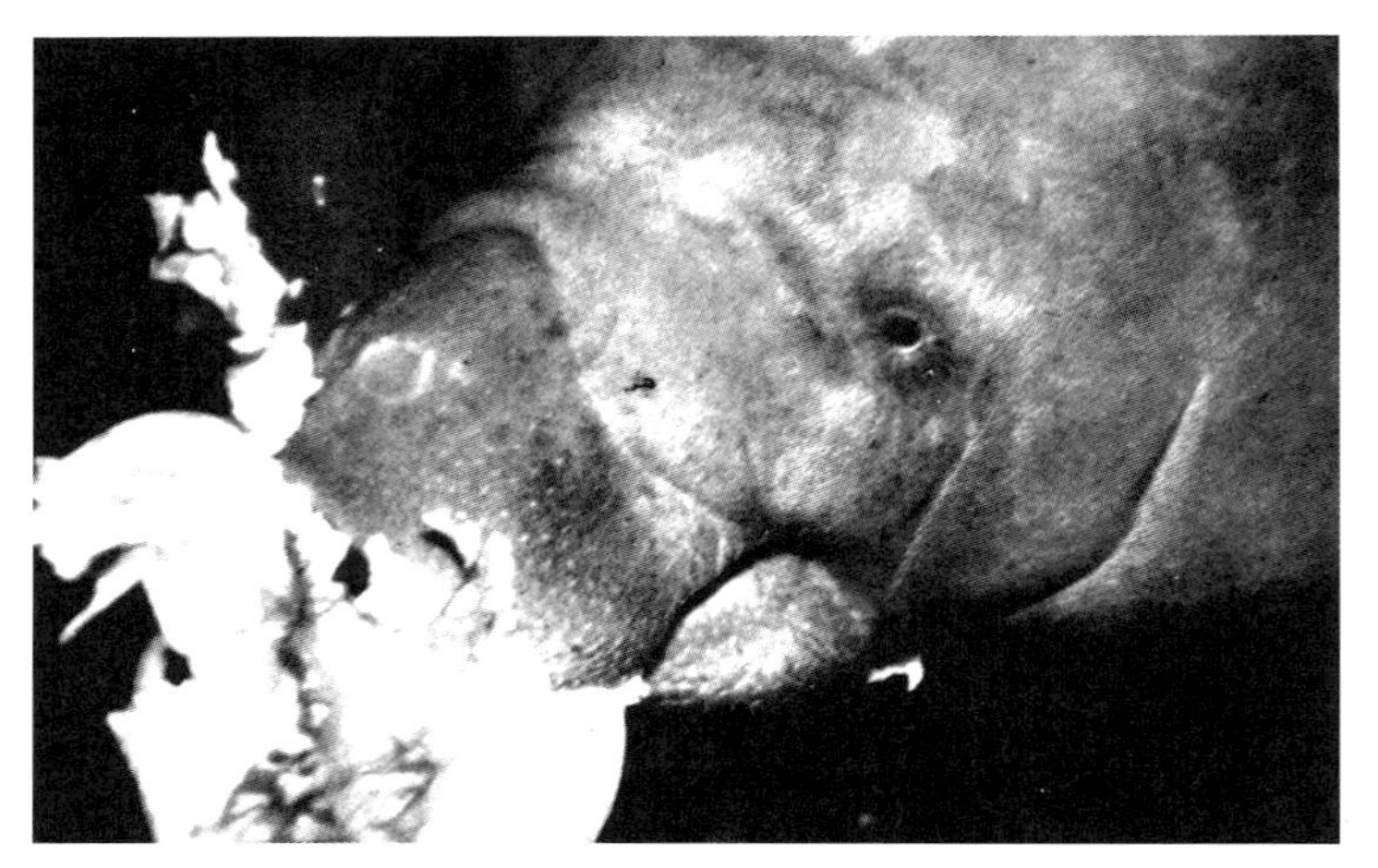

写真 50 レタスをおいしそうに食べるまな子

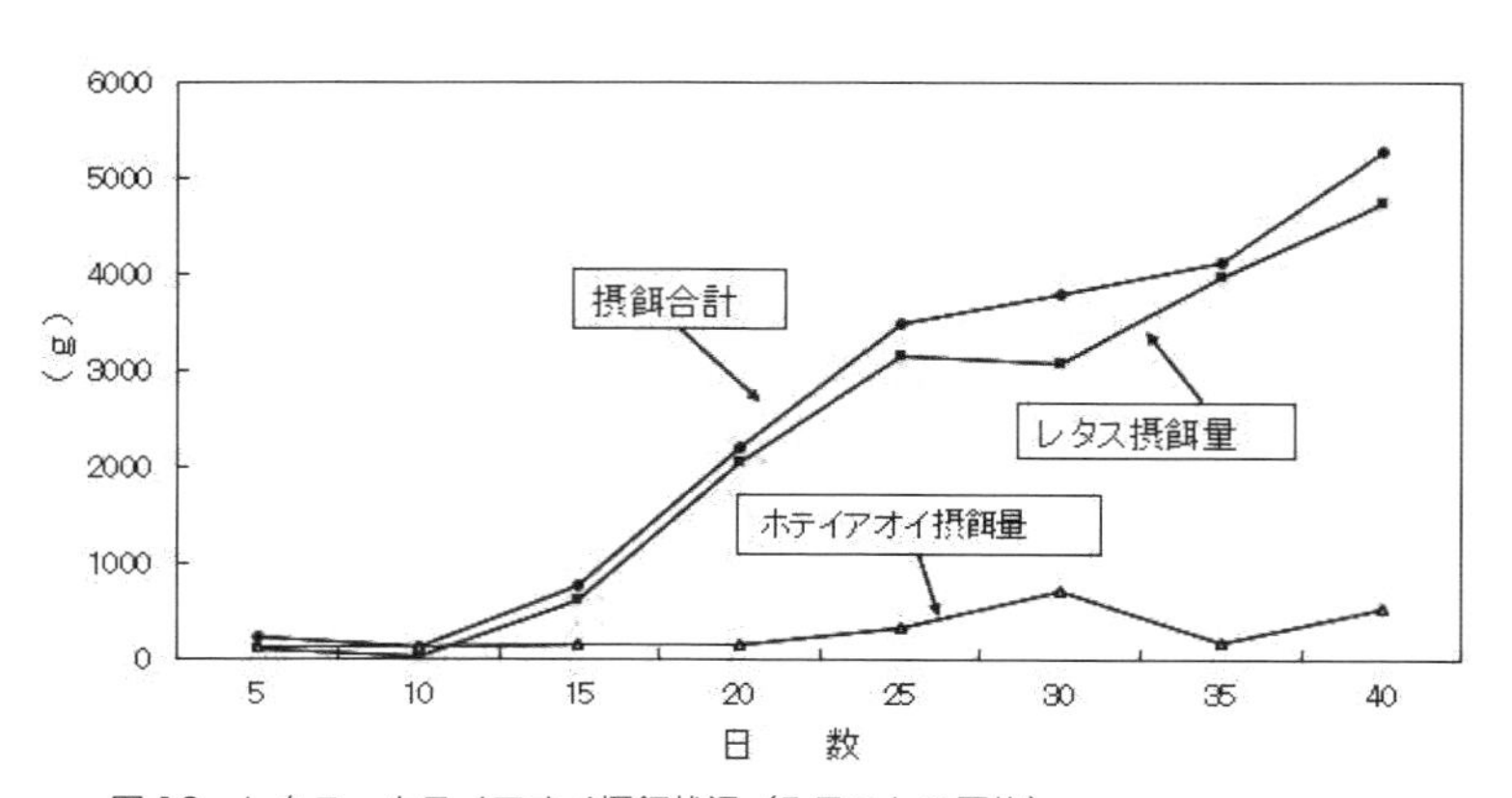

図 13 レタス・ホテイアオイ摂餌状況（5 日ごとの平均）

な子もニンジンが一番好きになりました。どのマナティーも体調を崩し、食欲不振になってもニンジンだけは食べます。

病気になって薬を与えなければならないとき、ニンジンに穴を開け、その中に薬を詰めて与えると、薬に気付かず食べてくれました。逆にニンジンも食べなくなると、かなり深刻だと判断しました。つまりニンジンはマナティーの健康状態のバロメーターであり、薬を与える大切な道具でもあります。

いやいやするまな子　【人工保育で教えられなかったこと】

まな子は順調に成育し、生後２２０日の12月２日にはレタス、ホテイアオイを合わせ６kgも食べるようになっていました。

野生で育ったマナティーにレタスやキャベツを与えると、手を器用（きよう）に使って食べます。多分、野生でも手を使っていたからでしょう。

まな子の両親も野生育ちですから、レタスを手で抱え、口からこぼれないようにして上手に食べます。ホテイアオイを串刺しにして水底に沈めると、手で刈り取るようにして串から外します。

自然繁殖（親が育てる）で育った新屋島水族館のマナティー、ニールとベルグも手を使っていました。多分、この2頭はお母さんやお父さんの仕草を見て学んだのでしょう。

ところが私たちが育てたまな子は決して手を使いませんでした。

私たちは、手を使う事を教えられなかったのです。

逆にまな子は、マナティーのお母さんが育てたら決してやらない事をしました。

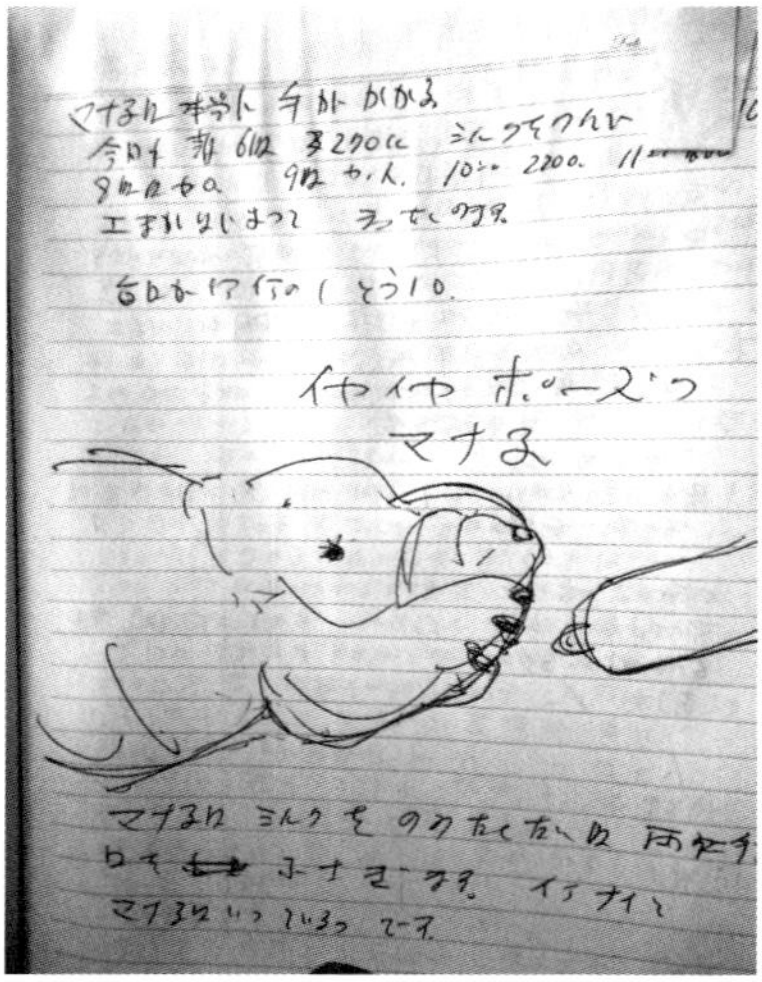

写真 51　いやいやポーズ（飼育日誌）

生後１３０日頃のことです。いつものようにミルクを飲ませようと乳首を口に持ってゆくと、まな子は両手で口をふさいで、「いやいやポーズ」をしました。「今は、飲みたくないよ」という意思表示です（写真51）。

こんな動作は、人に育てられなければ決してしないでしょう。

地元新聞の「海外こぼれ話」（『琉球新報』

１９９０年3月5日）という欄に、米フロリダ州オーランドの海洋生物公園でお母さんにはぐれた赤ちゃんマナティー、リトルを人工保育している記事が出ていました。リトルはまるまる肥っていて、とても健康そうです。リトルは飼育員に抱かれ哺乳瓶（ほにゅうびん）をしっかり手（手羽（てば））で抱え飲んでいます。私たちは、まな子に手で哺乳瓶を抱えることは教えられませんでした。

人工保育で育てられた鳥が繁殖期に入って求愛行動を同じ仲間ではなく、育ての親の人間にしてしまうという話を聞きます。同じように、まな子が手（手羽）を使わずレタスを食べる動作や、いやいやポーズをする姿に、人工保育のひずみを垣間見ました。

生まれてすぐお母さんと別れ、人工保育されたまな子は、他のマナティーを見たことがありません。ですから、自分がどんな姿をしているか知りません。もしかしたら自分がマナティーであるという自覚がないかもしれません。

将来、まな子が大人になってお婿（むこ）さんを迎えるとき、ちゃんとマナティーの雄に恋してくれるだろうか、チョット心配になりました。

愛称は「ユメコ」へ

まな子が順調に育ち始めた生後90日以後は、病気らしい病気をしませんでした。これは牛の初乳による免疫効果のおかげかも知れません。

まな子の一般公開は1歳の誕生日、１９９1年4月26日と決まり、私たちはその準備にかかりました。

「まな子」は私が勝手に付けた名前で、正式な名前ではありません。正式な愛称は一般公募で決まります。正式な愛称の発表は一般公開に合わせ行われる予定でした。

一般公開に向け、まな子を育児水槽から両親のいた展示槽に移しました。

この水槽は、まな子が生まれた水槽です。移動するにあたって、お母さんのメヒコとお父さんのユカタンは、メキシコから来た当時、飼育されていた旧マナティー館に移しました。

何故まな子をお母さんやお父さんと一緒にしないのか、と思うかもしれませんが、まな子は自分の姿を見た事がありません。ですから自分がマナティーである事がわかりません。またお母さんのメヒコもお父さんのユカタンも、まな子が自分達の子供である事がわからなくなっています。

そんな状況で、急に親子を対面させても、まな子は初めて見るマナティーにビックリしておびえてしまうでしょう。メヒコもユカタンも、まな子に対し、どんな行動をとるかわかりません。危害を加えるような事はないでしょうが、親子の対面は、段階を追って慎重に行う必要があります。

４月７日、いよいよ移動する日がやってきました。ホイストクレーンで吊上げ移動するのですが、このときの体重は１４７・７kg、体長は１８５cmでした。生まれたときの体重(22・7kg)の６・５倍、体長は１・７倍です。

愛称募集は、３月11日から３月31日までのわずか21日間でした。それにもかかわらず可愛い赤ちゃんマナティーにピッタリの名前を付けようと、北海道から沖縄まで、全国各地から沢山の応募がありました。わずかな募集期間にもかかわらず応募総数は１４２７通もありました。

愛称選考会は、公園関係者や内田館長はじめ、有識者により実施されました。

まな子は新しい環境にも順応し、ミルクも３２００ml/日と良く飲みました。

このまま順調に行けば、１歳の誕生日に可愛いまな子をみんなに見てもらえる。いよいよその日がやってくる。私たち飼育員も、張り切っていました。

４月10日、私たちがミルクを飲ませていると、内田館長が来られ、愛称が決まったとわざわざ連絡してくれました。館長は、まずは私たちに知らせて、喜ばそうとしたのです。

愛称は「ユメコ」。

居合わせた仲間から拍手と歓声が上がりました。

名前の由来は、「まな子」とは違った意味で赤ちゃんにピッタリでした。

「ユメコ」の「ユ」は、お父さんの「ユカタン」の「ユ」。「メ」は、お母さんのメヒコの「メ」。

赤ちゃんは、女の子ですから「コ」です。

「まな子」は、日本で初めて繁殖に成功したマナティーです。私たちの夢は、この赤ちゃんがこれからも元気に育って、将来メキシコからお婿さんを迎え、可愛い赤ちゃんを産んでくれる事、絶滅の危機にあるマナティーがどんどん増えることです。

ユメコの「ユメ」は、そんな私たちの夢が託(たく)された「ユメ」でもあります。この名前が応募数の中で一番多かったそうです。

私はとてもよい名前だと思いました。私のつけた「まな子」は、私と私の家族だけの愛称です。「まな子」という名前は、私の胸の中で大切にすることにしました。

この本の中でも、これからは「まな子」を「ユメコ」にしたいと思います。

一年目のお披露目会

ユメコは、新しい環境でもミルクの吸飲量は変わりませんでしたが、レタスやホテイアオイは以前のようには食べなくなりました。これは環境変化が原因だろうと、あまり気にしませんでした。ところが４月11日、予想もしない事態が起こったのです。

ユメコが下痢をおこしてしまいました。オナラも悪臭を放ち、人がお腹を壊したときと同じ臭いです。それでも４月20日頃までは、ミルクを２０００～２５００ml飲んでいました。ところが21日になって急に６００mlしか飲まなくなり、下痢も続きました。

下痢に効く薬を投与し、腸の負担を軽くするため、ミルクの濃度を薄めました。24日に血液検査を行ったところ、白血球数が１５０００／µl（通常値６０００～８０００／µl）と上昇していました。この日は抗生物質の筋肉注射を行い、今後について、浜端先生と相談する事にしました。

２日後は、いよいよお披露目と愛称発表祝賀会です。元気なユメコを皆に見てもらえると思っていたのに、これではお披露目どころではありません。当日は一目見ようと多くの人が来るでしょう。

ユメコを治療してくださった浜端先生をはじめ、検査技師、夢民牧場の山中さん、県立畜産研究センターの玉城さん、それに手紙と千羽鶴を持ってお見舞いに来てくれた青い海保育園の可愛い園児たち。

浜端先生や医療チームは、ユメコが急変し、治療が始まっているのを知っていましたが、他の人は何も知りません。

一目ユメコを見たいと多くの人が集まれば、ユメコのストレスは増すばかりです。そこで話し合った結果、ストレスをかけないよう公開時間を1時間にしました。

祝賀会では、海洋博公園の西川所長から、愛称の発表と同時に、命名者の代表と青い海保育園の園児が、くす玉を割ってお祝いしました。これはこれでとても嬉しい事でしたが、私はユメコが気になってしょうがありません。

公開されたユメコを見ようとおおぜいの人が展示槽にやってきました。その中に青い海保育園の園児たちの可愛い顔もあります。このとき、ユメコはうずくまってジッとしていました。

園児達は、うずくまっているユメコに手を振ったり「ユメコちゃーん、ユメコちゃーん」と呼びかけます。しかし、ユメコは動きません。

私は子供たちに囲まれていました。

「ユメコちゃんは眠ってるんだね。何の夢をみているかな？」と園児達に話しかけました。

でも心の中では、(体の調子が悪いのでなく、ぐっすり眠っているならどんなにいいだろう)と思っていました。

腹腔内治療（ふっこうないちりょう）再開

ユメコの下痢は治りそうもありません。

ミルクの量も減って、このままでは脱水が進んでしまいます。人間だと点滴治療ですが、マナティーでは危険を伴う腹腔内治療（ふっこうないちりょう）しかありません。

初めてユメコに腹腔内治療をしたのが前年の5月31日で、このときユメコの体重は21・6kgでした。今は145・7kg、体長も185cmです。出生時の体重の6・4倍、体長は74cmも伸びています。1年前は、私ひとりで抱けましたが、今はそうはいきません。すべてがおおがかりで、飼育係5~6名で作業に当たらなければなりません。

方法は前と同じようにユメコをマットの上に仰向（あおむ）きに寝かせ、動けないようにするのですが、今は体の大きさが違います。１年前は、１人で仰向けにし、２人で押えられましたが、今は無理です。どんな動物でも体を仰向けにされるのを嫌います。その体勢が一番無防備になるからです。普段おとなしいマナティーも、暴れだすと手がつけられません。暴れるすきを与えないで一気にひっくり返し、押さえ込みベルトで保定台（動物が動けないように固定する台）に固定します。ユメコは１４５・７kgもあります。その尾ビレで一撃されたら、ひとたまりもありません。かつてユメコのお母さんが羽田に着いたとき、私の不注意から、尾ビレで跳ね上げられ、２メートル近くも飛ばされたことがありました。

治療当初、ユメコはなにをされるかわからず、おとなしくしていました。しかし、回数を重ねるにつれ、いやなことをされるとわかり始め、保定台に運ぶシートになかなか乗らなくなりました。乗っても移動する間に暴れ出し、私たちをてこずらせました。

保定が無事出来ても、治療はこれからです。前年、腹腔内治療で使った針は、長さが10㎝でした。ところが今は体重が１４６kg近くあり、脂肪層も厚くなっています。針の長さも前年とは桁違いで15㎝、この針を深さ９㎝まで刺します。そうしないと腹腔に届きません。脂肪層がこれだけ厚いと、前年は聞こえた腹膜を針が破るプスッという音が聞こえません。ですから、針先が腹腔内に届いているかどうかの確認に大変苦労しました。

最初は10㎝の針でやってみました。補液（ソルテム３A）を注入すると、針のまわりの皮膚が硬くなり、盛り上がってきました。これは明らかに筋肉層に入っているからです。針が腹腔内に届いているかどうかの確認は、補液の入り具合で判断するしかありません。作業は、ユメコが大きくなった分、大掛かりで危険でした。

それにしても私たちはユメコの1歳の誕生日を、腹腔内治療をしながらむかえるとは夢にも思いませんでした。腹腔内治療は血液検査、細菌検査の結果をみながら朝夕2回行いましたが、治療効果はなかなかあがりません。

5月7日の血液検査で白血球数が23000/μlと高く、血液沈降速度が亢進（こうしん）し、病気に対する抵抗力を示すリンパ球も7%（通常20%前後）と一桁台まで下がってしまいました。ミルクもまったく飲みません。

ユメコの胴回りを測定する

今後の治療について、浜端先生に相談しようと、私は北部病院を訪ねました。

浜端先生は、腸疾患（ちょうしっかん）の他に肺炎を併発（へいはつ）していないか検査する必要があると、感じておられました。同僚の嘉陽宗史先生と検査方法について話し合われ、私は先生方の熱心な会話を聞いていました。

1年前はレントゲン検査で、腸の一部に麻痺（まひ）のあることがわかりましたが、145kgをこえたユメコは、脂肪層が厚くレントゲンでは鮮明な画像が期待できないと予想されました。

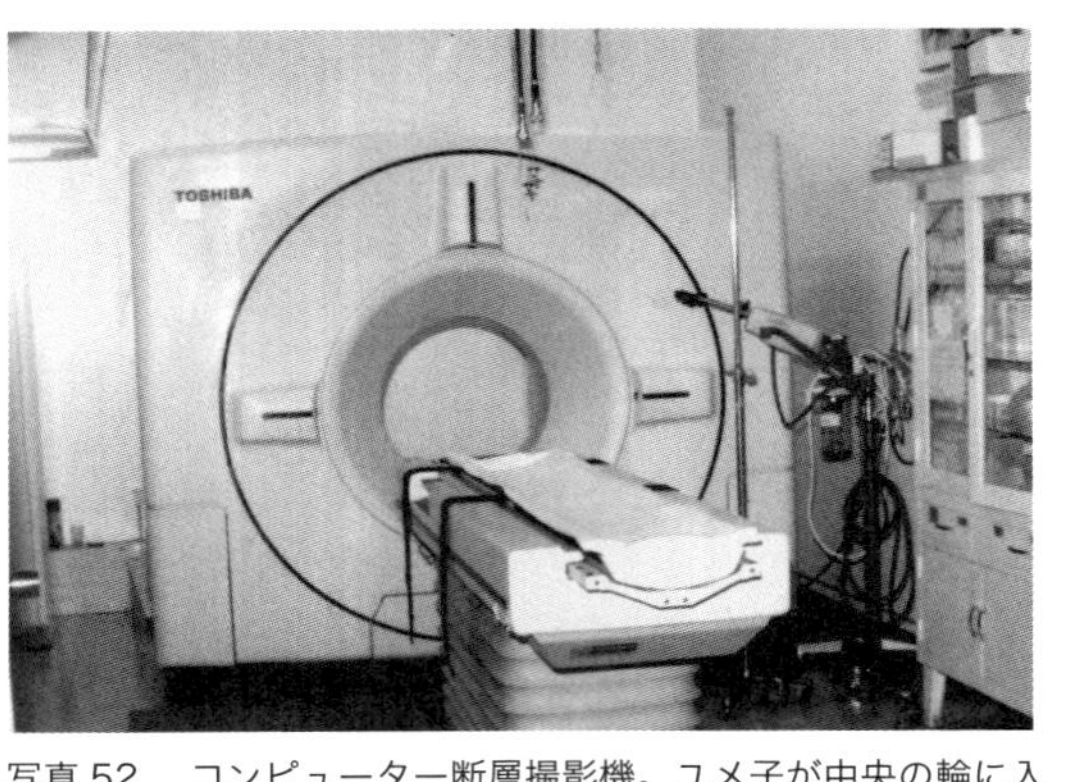

写真52　コンピューター断層撮影機。ユメ子が中央の輪に入るかが問題

どうしたものかと思案していたとき、嘉陽先生が前夜、自宅で見たテレビの話をはじめられました。オーストラリアのコアラの治療で、診断にCTを用いたというのです。

CTというのは英語でComputed Tomographyの略称で、日本語に訳すと「コンピューター断層撮影」になります。放射線を用いて物体を輪切りにした形で撮影します。普通のレントゲンとは異なり、大きな物体でも鮮明に撮影出来ます（写真52）。

ユメコにCT検査ができないか、という話になっていきました。CTなら、ユメコの内臓を鮮明に映せるはずです。問題は大きく成長したユメコの体が、直径60㎝の

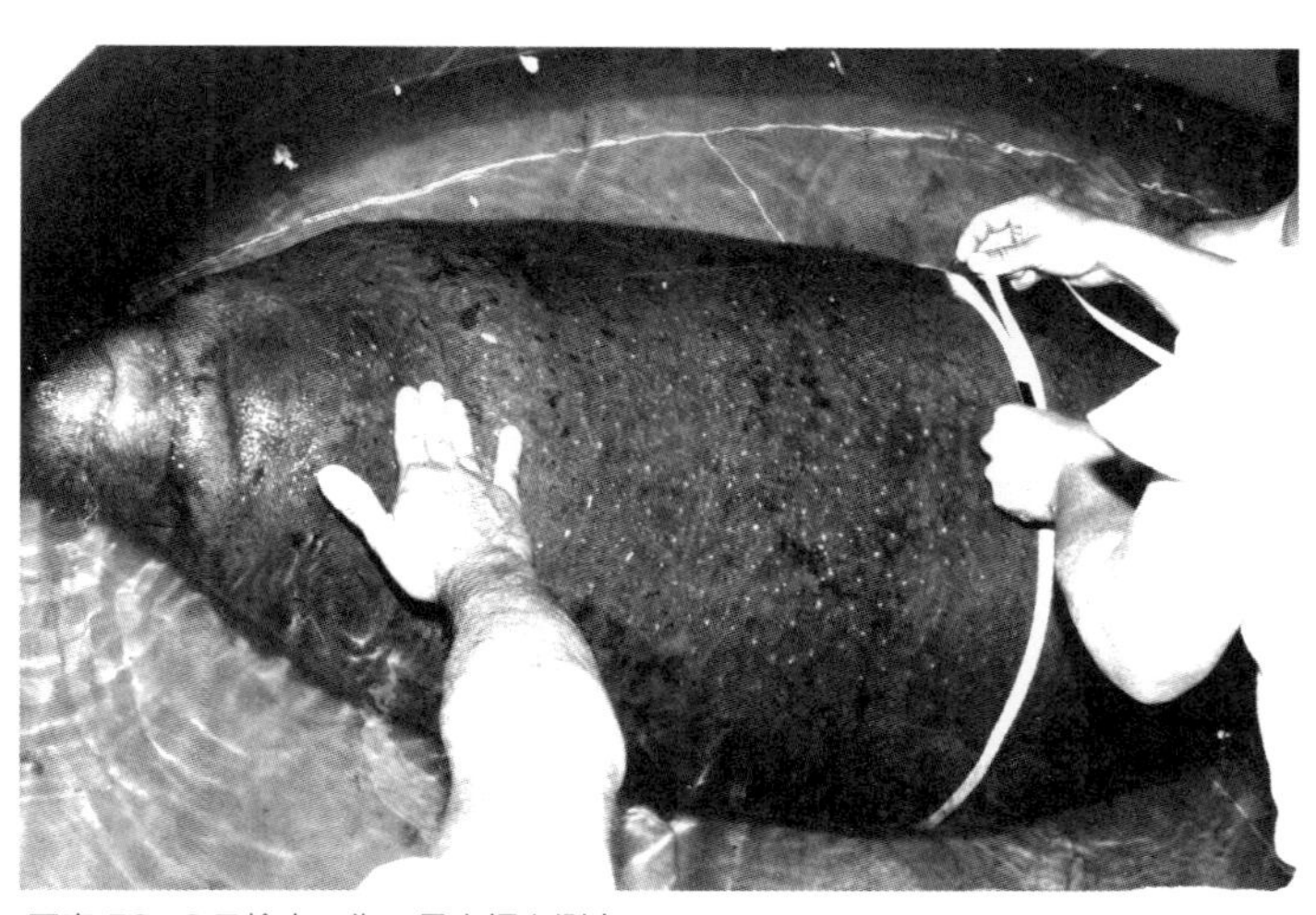

写真 53　ＣＴ検査の為、最大幅を測定

ＣＴの輪に入るかです。

話を聞いていた私は、もし可能なら是非検査をお願いしたいと申し出ました。

このとき、この機械がどんなに高価で、もし検査中にユメコが暴れて壊（こわ）したらどうなるかなどまったく考えていませんでした。先生方も話は出たものの、検査しようという気持ちにはなっていなかったと思います。

そんな先生方を前に、私は「すぐ水族館に戻って、ユメコの胴回りを測ります」と申し出て、病院を後にしました。

病院を出るとき、ユメコの胴回りが測定できるよう、水位を浅くしておいてくれと水族館に連絡しました。私が館に戻ったときには、手際よく水位は下げられていました。スタッフに病院での話を告げ、早速作業に入ります。

写真 54　ＣＴ検査のため担架に収容

ＣＴの直径は60㎝です。以前測定したデータを参考に、胴で一番幅の広いヘソまわりの直径と胴回りを測定しました（写真53）。

泳げない深さにしても、ユメコはジッとしてくれません。手を使って這いまわります。それでもどうにか一番太いと思われるところを、何か所か測りました。

その結果、ユメコの胴回りの最大直径は53～54㎝とわかりました。ＣＴの直径が60㎝ですから、なんとかギリギリ入ります。早速、病院に電話し、浜端先生に「ユメコはＣＴに入ります」と伝えました。

「早い方がいい。今日の夕方5時、病院が終わった頃、連れてきて下さい」

この言葉は1年前、先生に初めて電話したときと同じでした。ただ違うのは、1年前のユメ子の体重は22kg程度でしたから、私ひとりで抱けました。しかし、今は１４５kgをこえています。作業は、すべて大掛かりです（写真54）。

荷台にユメコ用水槽を置くスペースはありません。袋状にした担架シートの中にユメコを入れ、クレーン付きトラックで釣ったまま荷台に乗せました。ユメコが暴れても、担架から飛び出ないようにするためです。そして体温を下げるため、絶えず柄杓で水をかけました。

水中生活者のマナティーを水から出しても大丈夫か、心配になるかもしれませんが、マナティーもイルカも哺乳類ですから、水から出しても魚のように死んでしまうことはありません。ですが水中にいる事で体温が一定（マナティーの体温は35～36度）に保てるようになっています。ですから長時間水から出していると、体温が上がってしまいます。

マナティーには人間のような汗腺がありません。そのままだと、体温が上昇し自分の体温で、自分の身体を火傷させてしまいます。そうならないよう、絶えず水を掛け冷やすのです。水掛けさえすれば、2～3日は水から出ていても大丈夫です。この方法でユメコのお母さん、お父さんも、メキシコから2日がかりで日本にやって来ました。

夕方、5時少し前、病院に着き、用意されていた移動用ベッドにユメコを乗せ、救急用入口からレントゲン室に入りました。

レントゲンではうまく写らないと予想されますが、一応試す事になりました。１４５kg以上もあるユメコを移動用ベッドから検査台に移すのに、10人がかりでやっとでした。

検査には浜端先生が立ちあわれ、水族館側から私を含め3名がユメコの体を湿(しめ)したり、万一暴れたときのために備えました。

しかし、私はなんとなくユメコはおとなしくしてくれる、という自信めいたものを感じていました。

その自信は3年前、バンドウイルカをレントゲン検査したときの経験からでした。そのときは、暴れたらどうしようと不安でいっぱいでした。水で体を湿らせながら、(大丈夫、痛くないから、静かにして……)と胸の中で語りかけ続けました。私の気持ちが通じたのか、イルカは微動(びどう)だにしませんでした。

ユメコも予想通りおとなしくしています。

検査が無事終わり、私も画像を見せてもらいました。画像は全体にぼやけ、骨格と臓器の見分けがつきません。1年前と違い、ユメコは脂肪層や筋肉が厚くなり、X線が充分透過(とうか)しないのです。浜端先生や嘉陽先生の予想通りでした。

先生方の結論は、CT検査しかない、でした。

CTの直径が60㎝、ユメコの体の最大幅が53～54㎝。ユメコの体とCTとの隙間(すきま)はわずか3㎝足らずしかありません。レントゲン検査のとき、ユメコは暴れないという確信のようなものを感じていた私ですが、ＣＴのドーナツ状の装置を見て、不安が一気に吹き出しました。

レントゲン検査の場合は暴れても、ユメコを機械からすぐに遠ざけられます。しかしＣＴ検査は、ドーナツ状の輪の中にユメコの体を入れます。もし検査中に暴れても、すぐ輪から引き出せません。輪がユメコの凄（すご）い力に耐えられるかどうかわかりません。

しかし、先生方はそのことには一切触れようとしませんでした。もし、先生方の誰かがこの問題に触れたら、検査は中止になったかも知れません。ユメコが暴れたときの対応について問われても、私は答えを持っていませんでした。

世界で初めてＣＴ検査を受けたマナティー

いよいよユメコをＣＴ専用ベッドに移します。ベッドは幅が40㎝足らずで、自動的にＣＴの中を移動し、胸部から腹部を10㎝間隔で、断層写真（体を輪切り状に映す）を撮影してゆきます。

ベッドは人間用ですから、きゃしゃな作りです。１４５・７㎏と言えばモンゴル出身の人気力士、横綱白鳳とさほどかわりません。白鳳が検査を受けるとしても、検査中に動いたり、暴

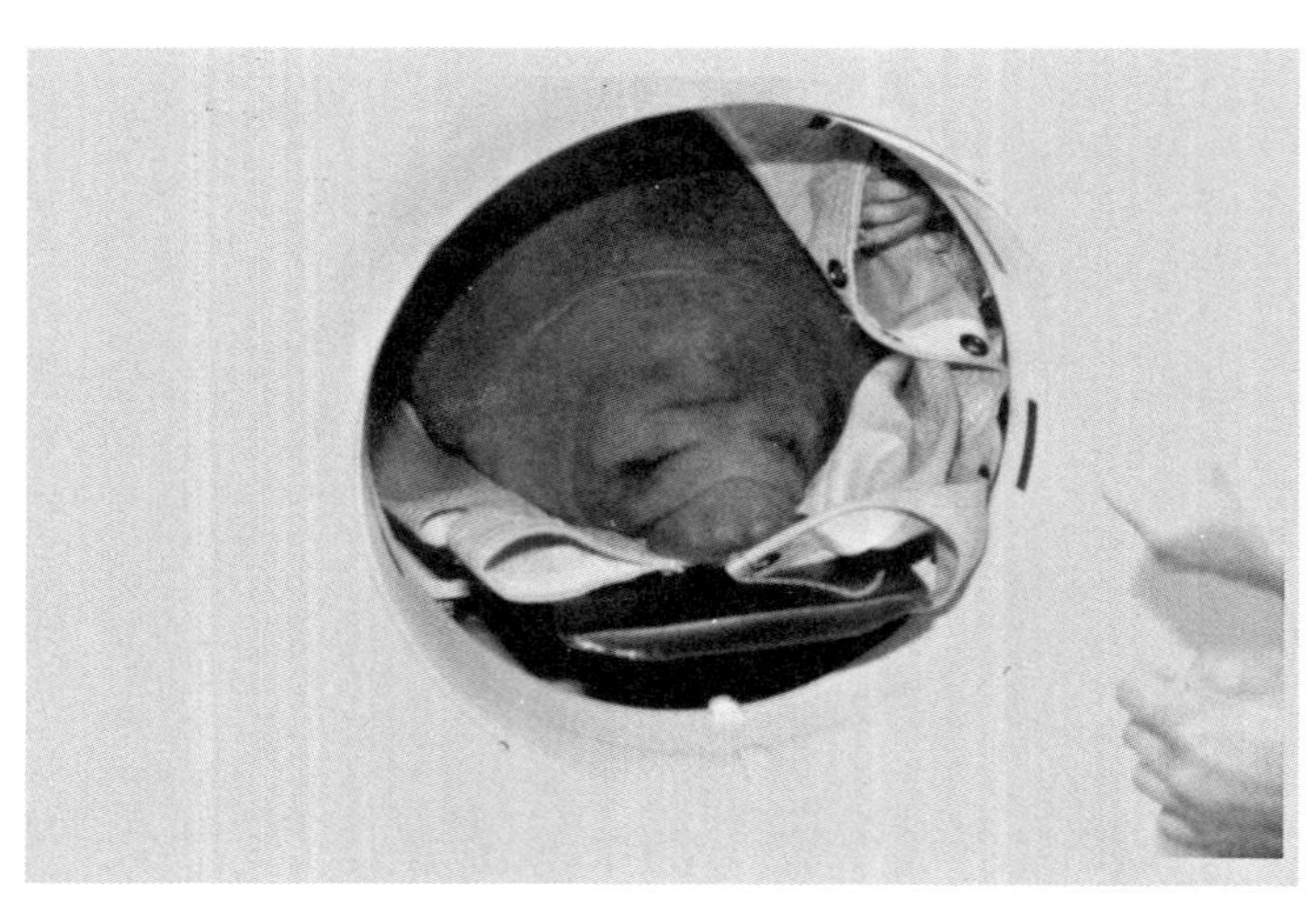

写真55　ＣＴ検査を受けるユメコ

れたりはしないでしょう。ユメコが検査中に暴れだしたら、きゃしゃなベッドも、それを固定しているレールもひとたまりもなく壊（こわ）れそうです。

ユメコを狭いベッドに乗せると、体が半分くらいも、はみ出します。左右のバランスを取らないと、どちらかに転げ落ちそうです。なんとかベッドに固定し、水に浸したスポンジで顔を湿らせながら、

（頼む、おとなしくしていてくれ！）

と念じ続けました。

私は、動物はテレパシーを感じる力が人間よりも優れていると、密（ひそ）かに思っています。ユメコも今どういう状況で、どうしなければならないかを感じているはずです。

ユメコはジッとしています（写真55）。

いよいよ検査が始まりました。ベッドはレール上を自動的に動き、頭部がＣＴの輪の中に入って行きます。頭部から頸部はそのまま通過させ、検査しなければならない胸部から腹部を10㎝間隔で撮影、画像をチェックします。

検査は放射線科医の玉城聡先生です。その後で主治医の浜端先生、嘉陽先生が同じ画像を診ました。

私はユメコに顔を近づけ、おとなしくしてくれと念じながら、それでも先生方の会話に耳をそばだてていました。

以前、ユメコの治療を始めたばかりの頃、浜端先生が、「マナティーの解剖図か、検体があると、臓器の位置、形状がはっきりして治療がやり易くなるんだがなー」とおっしゃった事がありました。

そこで、双子で生まれた赤ちゃんの検体を見ていただきました。この事が先生の画像解析におおいに役立ったようです。双子の死は決して無駄ではありませんでした。

ユメコの胸部、肺には異常は見られず、検査は腹部に移り、画像に小腸や大腸の腸壁が肥厚しているのが映しだされました。

検査は尾ビレ付根手前で終わりました。30分程度の検査でしたが、私はとても長く感じました（写真56・57・58・59）。

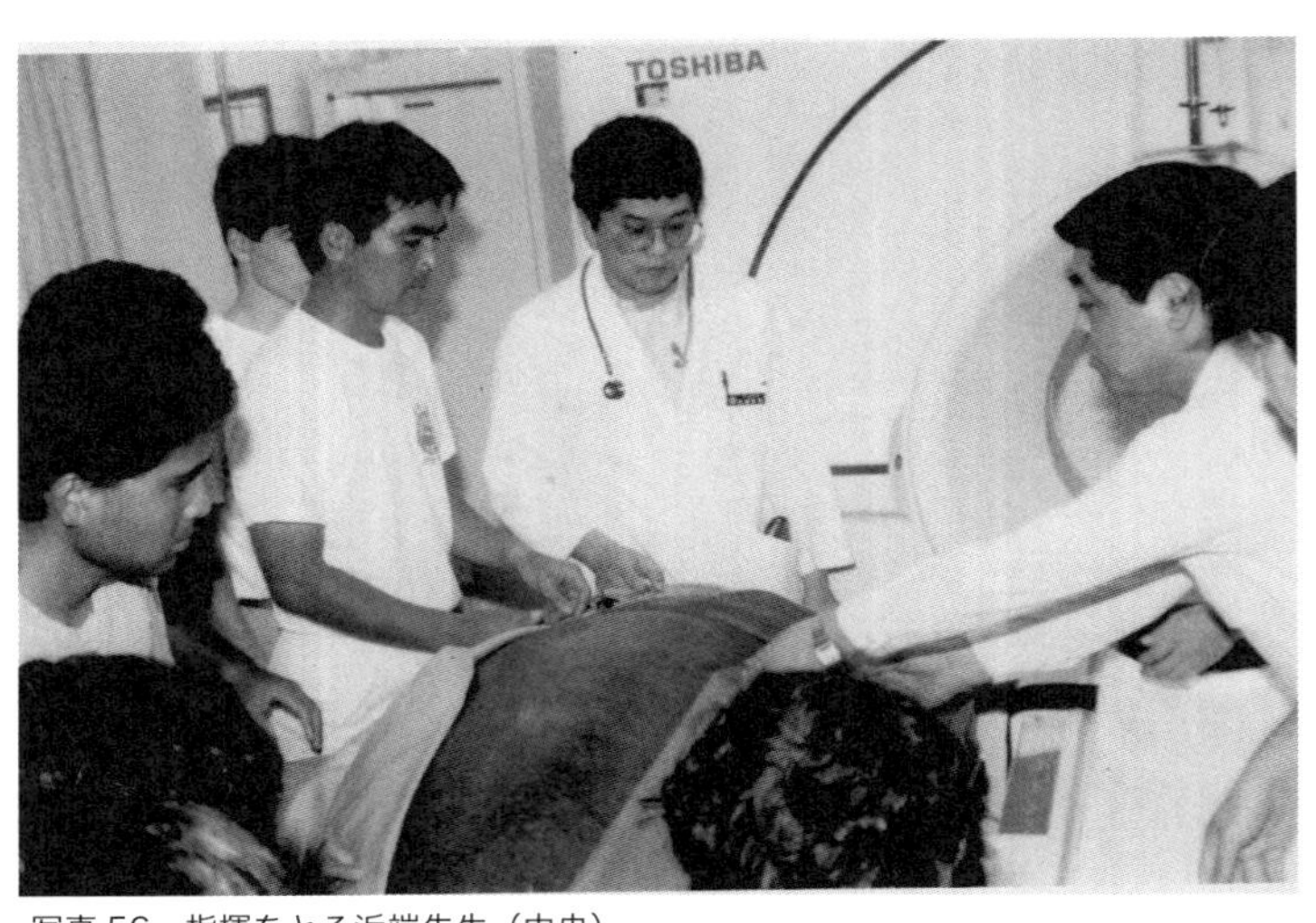

写真 56　指揮をとる浜端先生（中央）

やはり予想通りで、腸炎を起こしているのがはっきりしました。

検査がおわって、ユメコをCTの移動式ベッドから降ろそうとしたときです。無事に終わって、私の気持ちが緩(ゆる)んだのと同じに、ユメコも気持ちが緩んだのか、大量の下痢便をしてしまいました。真っ白いシーツが黄色く汚れ、便の悪臭が部屋中に充満しました。

そそうをしたユメコにかわって、私は「すいません、すいません」と連発しながら、おろおろしてしまいました。

そんな私を尻目に、看護師さんは「こんな事、なんでもないですよ」と笑いながら手際よく片付けます。

初めてユメコを病院に連れて行ったときも、看護師さん達は、とてもユメコを可愛がってく

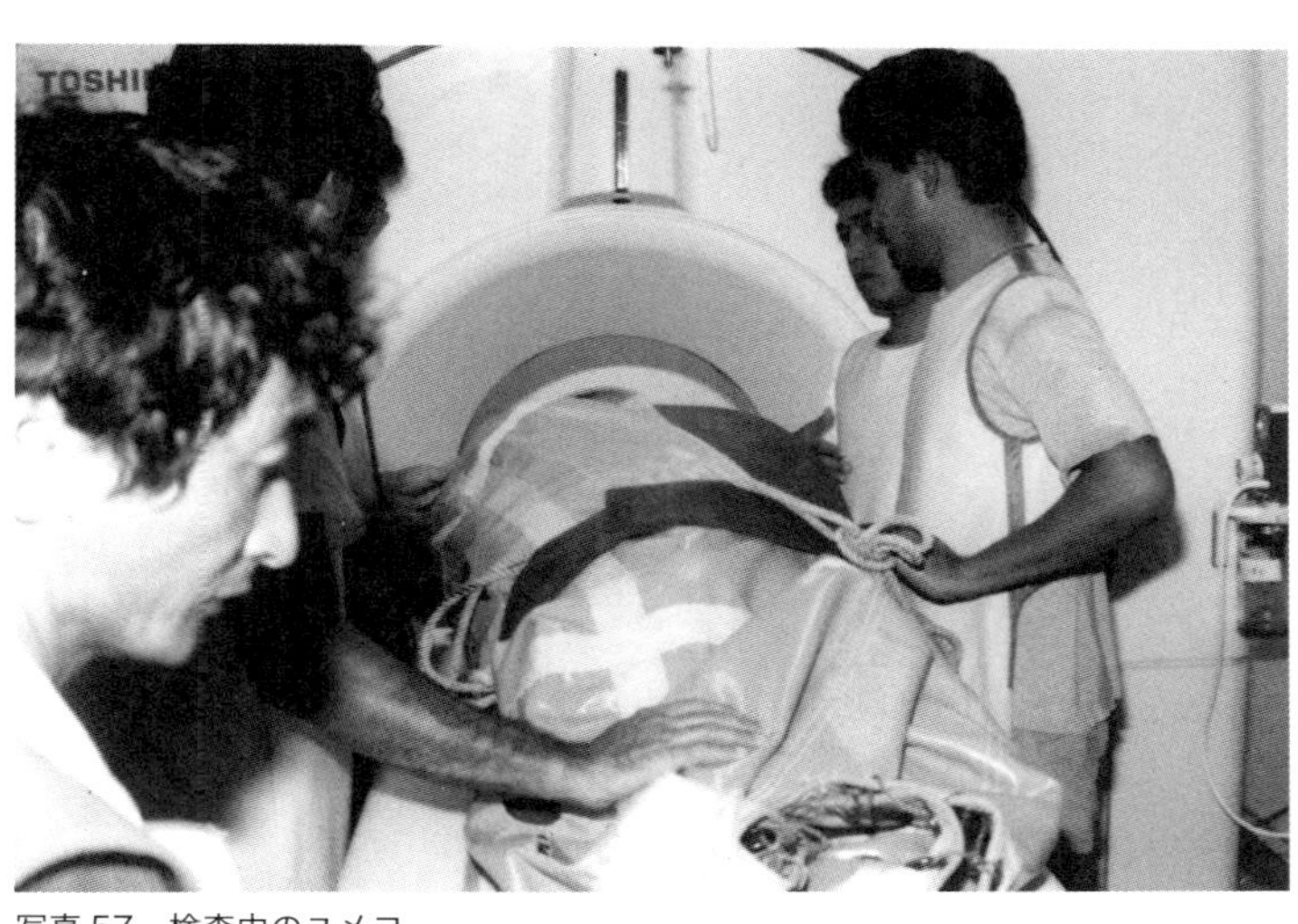

写真 57　検査中のユメコ

れました。毛布に包んで抱いてゆくと、手際よく私から抱き取って診察台に乗せ、先生の指示をてきぱきとこなし、治療がスムーズにゆくようにしてくれました。

後で聞いた話ですが、看護師さんの間で、ユメコ担当の順番が決められていて、ユメコが来るのを楽しみにしていたそうです。ユメコには診察券まで用意され、皆に愛されていました。

検査の結果、心配した肺炎にはかかっておらず腸炎だけだとわかって、私はホッとしました。

検査が終わったのは夜の9時過ぎでした。

腸炎の治療は、便から検出された緑膿菌（りょくのうきん）に効力のある抗生物質の投与と腹腔内治療による脱水防止の強化でした。

水族館を出てから戻るまで、7時間が経っていました。こうしてユメコは、世界で初めてCT検査を受けたマナティーとなりました。

ユメコがおとなしく検査を受けてくれたから良かったのですが、もし途中で暴れでもして機械を壊したら取り返しのつかない事になったでしょう。そんな心配をまったくせず治療に当たってくれた先生方の熱意と善意に報いたい。ここが踏ん張りどころ、山場だと私は自分自身に言い聞かせました。

後日、この本の執筆にあたって浜端先生にお会いしたとき、この話が話題になりました。

「あのとき、ユメコが暴れCTを壊すような事があれば、首を覚悟していましたねー」

と先生はおっしゃられました。先生がそこまで真剣にユメコの治療に向き合っていてくれた事をあらためて知り、言葉を失いました。

ユメコはその後も下痢、悪臭のオナラ、食欲不振が続きました。ミルクは1000cc以下、ホテイアオイ1～2本、ネピヤグラス（牧草）の若葉5～6枚程度がやっとでした。

脱水防止と抗生物質投与で、腹腔内治療は4月25日から5月20日まで26日間行いました。

治療の効果が現われ、少し食欲が出てミルクの量が1000ccを超えたのが5月23日でした。この頃からレタスやキャベツも少しずつ食べ始め、悪臭を放ったオナラが無臭になり、糞(ふん)も固形混じりに変わってきました。

その後は順調に回復、ユメコは最大の山場を乗り越えました。

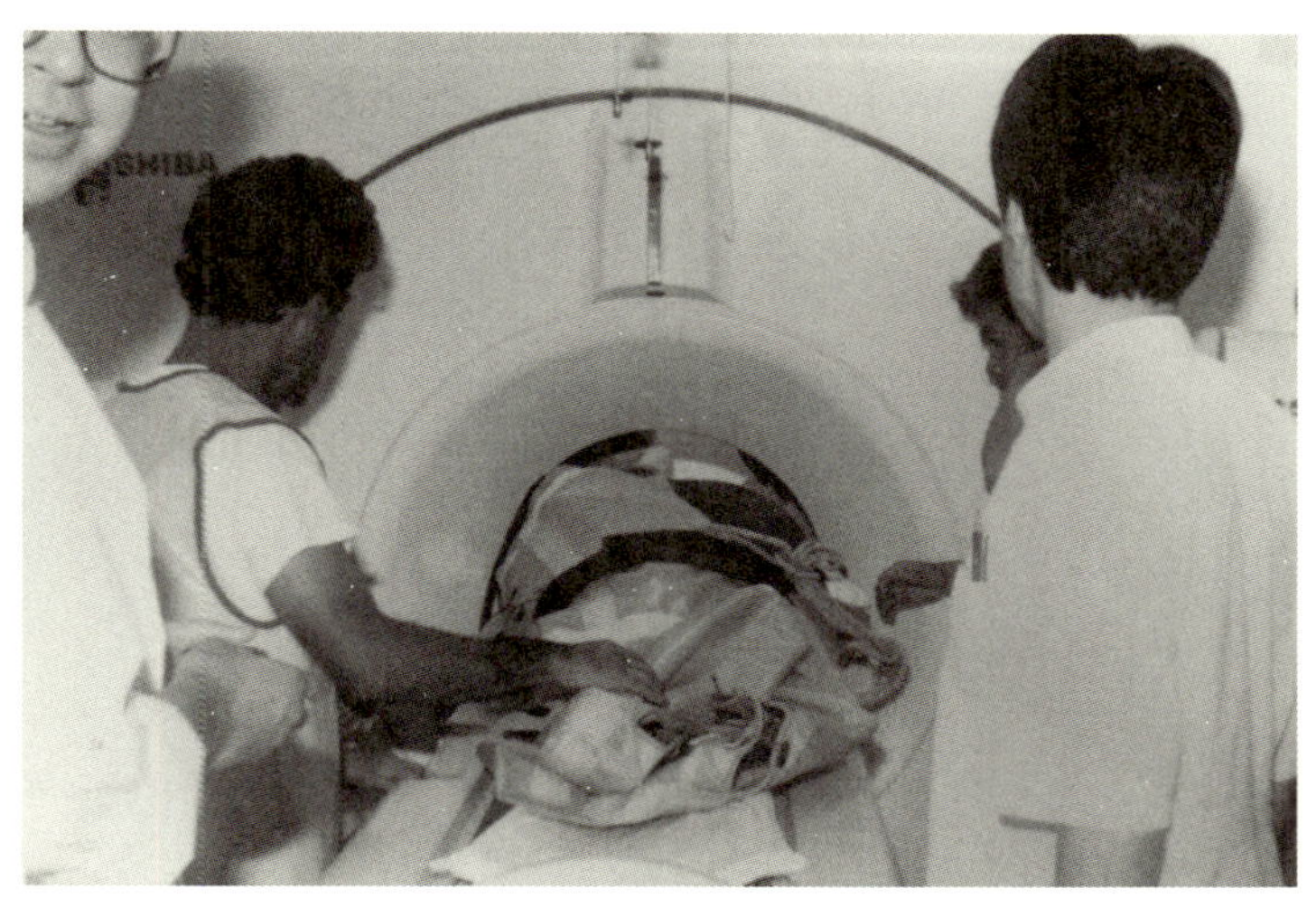

写真 58　検査中のユメコ

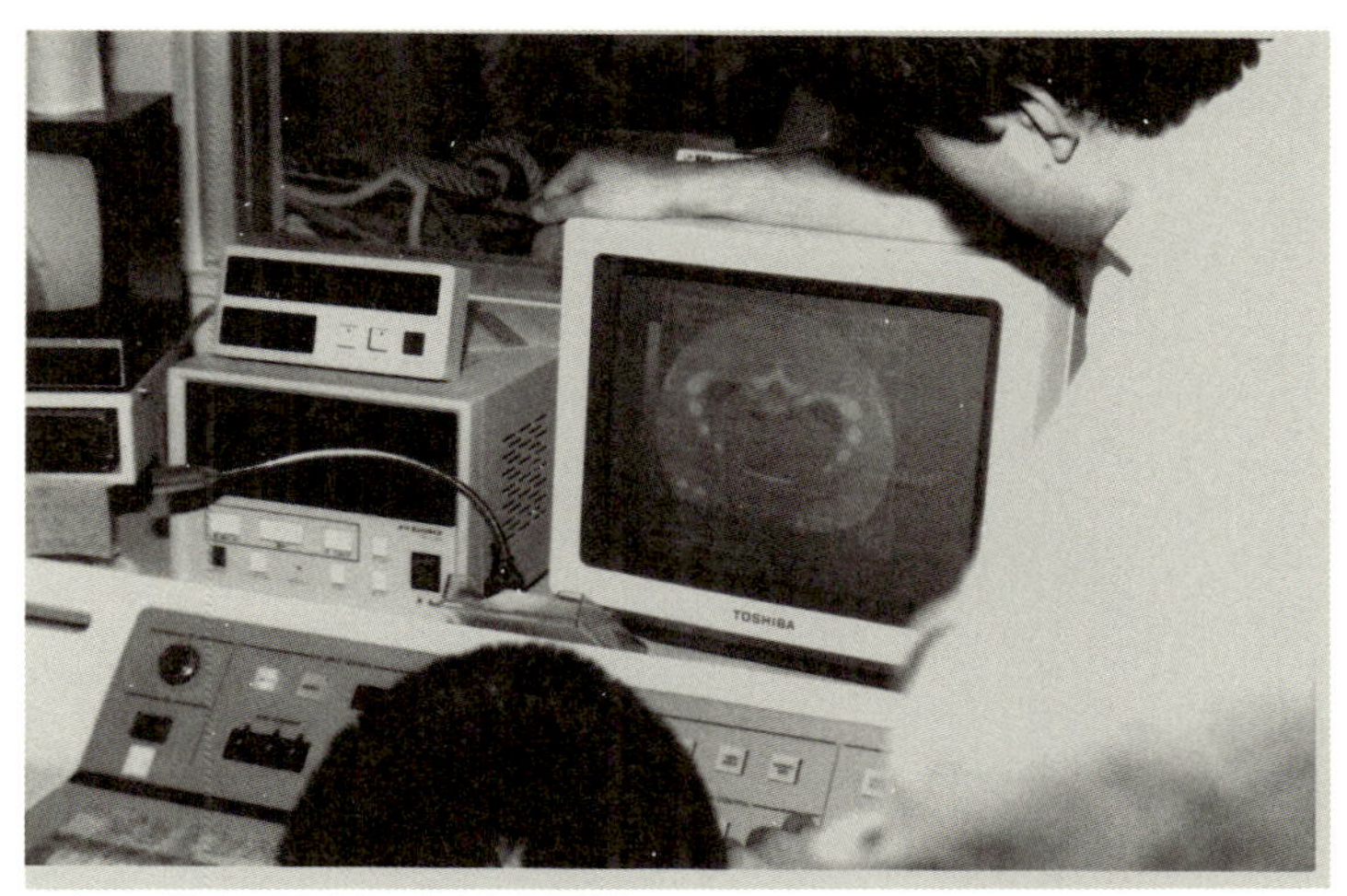

写真 59　検査風景（映し出された画像）

自分のウンコを食べるのはなぜ？［糞食（ふんしょく）を始めたユメコ］

一般公開のため、展示槽に移動して3日後の4月11日、ユメコはお腹をこわし下痢便をし始めました。下痢便と大量のガスが出て、強烈な悪臭が展示室一杯に広がりました。

4月25日から腹腔内治療を開始しましたが、便の異常は続きました。チリ状便、黄色たまごとじ状粘液便、浮遊する軟便等、ユメコの便は時によって変化し、オナラも悪臭だったり、無臭だったりで、症状は安定しません。

世界初のCT検査で腸炎の診断が下された5月7日以後は、腹腔内治療を一日2回に増やしました。

そんな中、5月9日、突然ユメコは自分の糞（ふん）を食べる「糞食（ふんしょく）」を始めたのです。チリ状の便をヒゲのまわりにくっ付け、拾いあさるように食べています。どうせ食べるなら、健康な糞の方が良いだろうと、親の糞をユメコの水槽に入れました。しかし、ユメコは親の糞より自分の糞を好んで食べます。

一番糞食が多く見られたのが、5月11日で、日記には「糞食多数」と記述されています（10

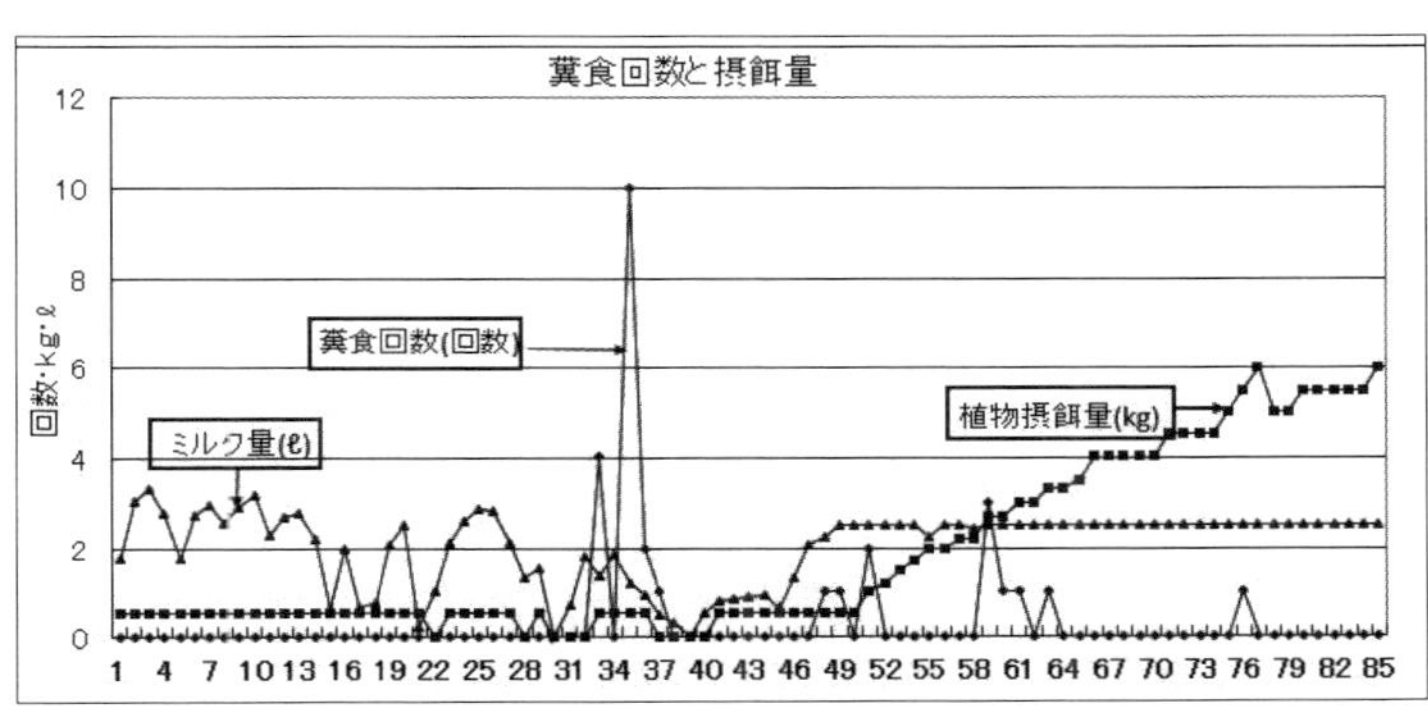

図 14　糞食回数と摂餌量（腸炎発症時）

回程度だと思われる）。

糞食は、５月に６日間、下痢がほぼ完治した６月に５日間、７月は１日、８月には２日間とだんだん少なくなり、その後、翌年の３月25日までまったく見られませんでした（図14）。

なぜ自分の糞を食べるのでしょう。人魚やムーミンのイメージをもつマナティーが自分の糞を食べると聞くと、なんだかイメージダウンしてしまいます。しかし、この行動にはなにか意味がありそうです。野生のマナティーでも糞食は観察されていますし、両親のメヒコ、ユカタンでも見られます。今回のユメコの糞食は、下痢と何か関係がありそうです。そこで糞食について、日記を詳しく調べ直しました。

ユメコの糞食が初めて観察されたのは、１９９０年10月29日生後１８６日目で、この数日前からレタスやホテイアオイを本格的に食べ始めました。

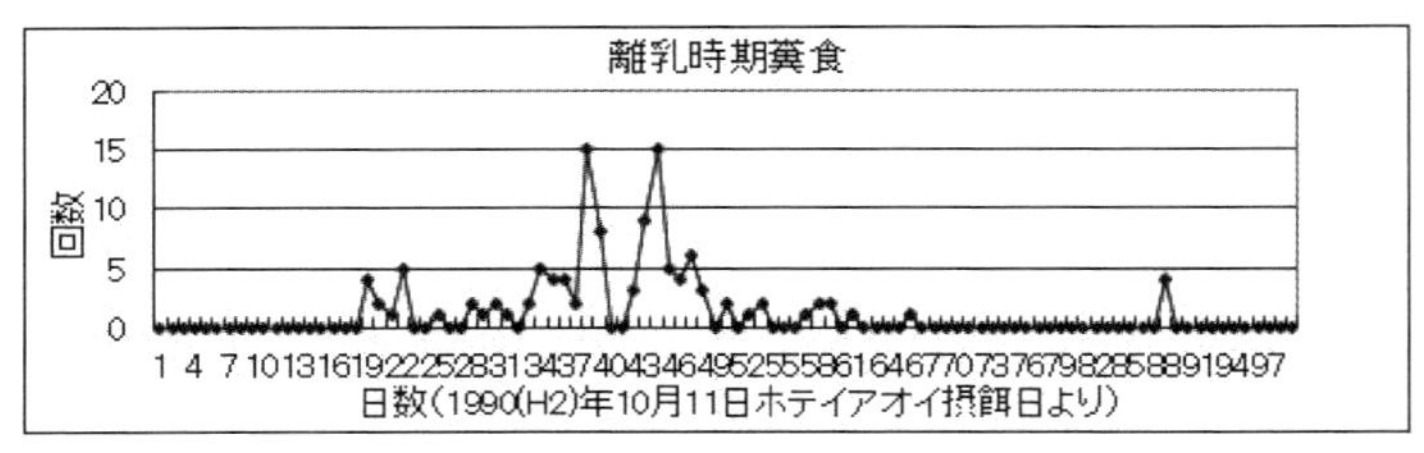

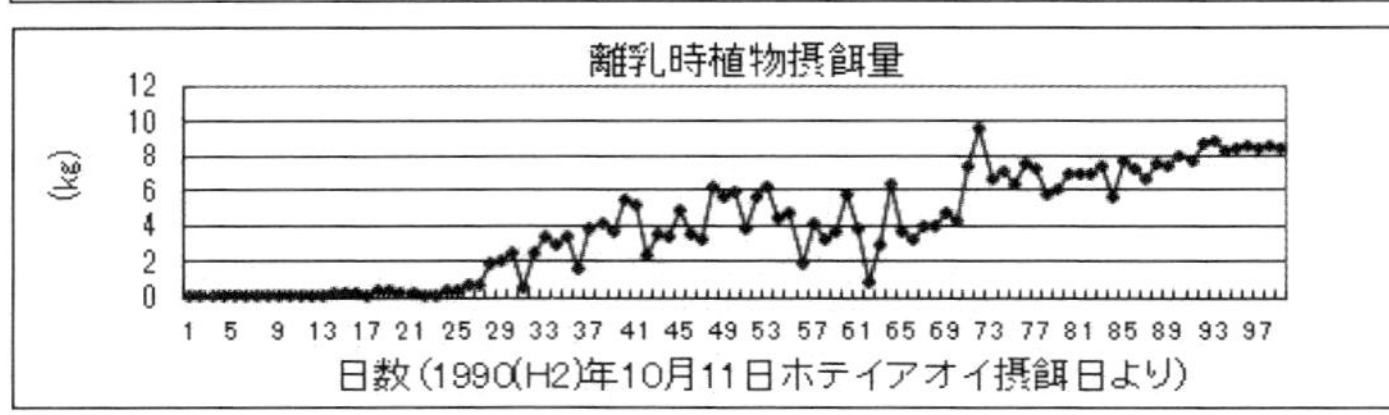

図15　離乳期、糞食回数と植物の摂餌状況

その後、摂餌量が増え11月末にはレタス、ホテイアオイ合わせ5～6kgを摂餌するようになりました。この頃、糞食はほぼ毎日見られました。10月29日から12月10日までの43日間で、多いときは一日15回にも及びました。ところが野菜食が安定した12月10日以後、糞食はほとんど見られず12月15日に1回、翌年1月7日に4回観察されただけです(図15)。

ユメコが集中的に糞食を行った時期は、野菜を食べ始めた生後186日頃と、1歳の誕生日直前にかかった腸炎が治り始めた時期(生後378日)でした。この事からマナティーの糞食は、腸内細菌叢(さいきんそう)の変化に関係があるように思われました。

糞食をする動物は意外と多く、代表的なのはウサギやモルモットです。彼らは食べてすぐ消化出来る物をまず消化し、残った未消化物は盲腸にいる微生物が発酵させ、軟らかい糞にして出し、これをまた食べます。それでも消化出来ない物がウサギ特有のコロコロ便です。

マナティーの糞食がうさぎと同じ目的だとしたら、糞食は毎日観察されるはずです。ユメコはそうではありません。マナティーの糞食には、うさぎと違う意味がありそうです。他に糞食が観察される動物に犬、ネコ、チンパンジー、ゴリラ、ゾウ、コアラ等がいます。

人間から見ると糞を食べるのは異常で汚いように感じられますが、他の動物ではさほど異常ではないようです。

赤ちゃんのときだけ糞食する動物もいます。コアラがそうです。コアラの赤ちゃんはお母さんの糞を食べ、糞中の微生物を譲り受け、ユウカリの毒素を分解、繊維質（せんいしつ）の多い葉も消化できるようになります。ユメコの場合、離乳期の植物食に移行し始めた時期と腸炎にかかったときに多く見られ、それ以外は、不定期で、きわめてまれです。ユメコのお母さん、お父さん、それに新屋島水族館のマナティーでもまれにしか行いません。

ユメコが離乳期に積極的に自分の糞を食べたのは、コアラの赤ちゃんに似て、糞から植物を消化するのに必要な微生物（大腸菌）を取り込む事と、ウサギのように糞中の未利用栄養分の再吸収が目的ではないかと思います。ユメコが親の糞をあまり好まなかったのは、親の糞は消化吸収率が良く未利用の栄養物が少なかったからかも知れません。

ユメコの例だけでは断定できませんが、マナティーの糞食は、腸内微生物のバランス調整を主に、糞中の未消化物の再利用にも用いられていそうです。

糞食はマナティーにとって、バランスが崩れた腸内細菌叢を正常に戻す大切な自己防衛の一つのように思います。

愛嬌がありメルヘンの世界に住むようなマナティーが糞を食べると聞くと、なんだかガッカリし、幻滅してしまうかもしれませんが、それは人間の身勝手な感情です。動物にとって糞はそれほど汚いものではなく、むしろ重要な役割を担っています。

マナティーの糞食を見たら、汚いと思わず、マナティーにとって、大切な事だと理解していただければ、マナティーはメルヘンの世界に住み続けられます。

V

新しい夢にむかって

新設マナティー館へお引っ越し

その後、ユメコは順調に育ち、1991年9月10日（生後1年3ヶ月）には、体重200kg、体長199cmになりました。

食欲も旺盛で、レタス、人参、ホテイアオイを1日20kg程も食べていました。それに大好きなミルクも600cc飲んでいます。栄養的にミルクは必要ありませんが、万一病気になったとき、薬をミルクに混ぜ飲ませられると考え、あえて続けました（写真60）。

ユメコの一般公開にあたって、両親のメヒコとユカタンは、メキシコから来た当時、飼育されていた旧マナティー館に移動しました。

旧マナティー館は、海洋博覧会のときはジュゴンの展示施設でした。ジュゴンは沖縄近海に生息しますから、気温や水温を暖める必要がないと考えられ、水槽だけの施設でした。その後マナティーの寄贈が決まったのですが、熱帯・亜熱帯に生息するマナティーにとって、沖縄の冬は寒すぎます。そこで急遽、水槽をおおう建屋が作られ、室温、水温が加温できるようにしました。

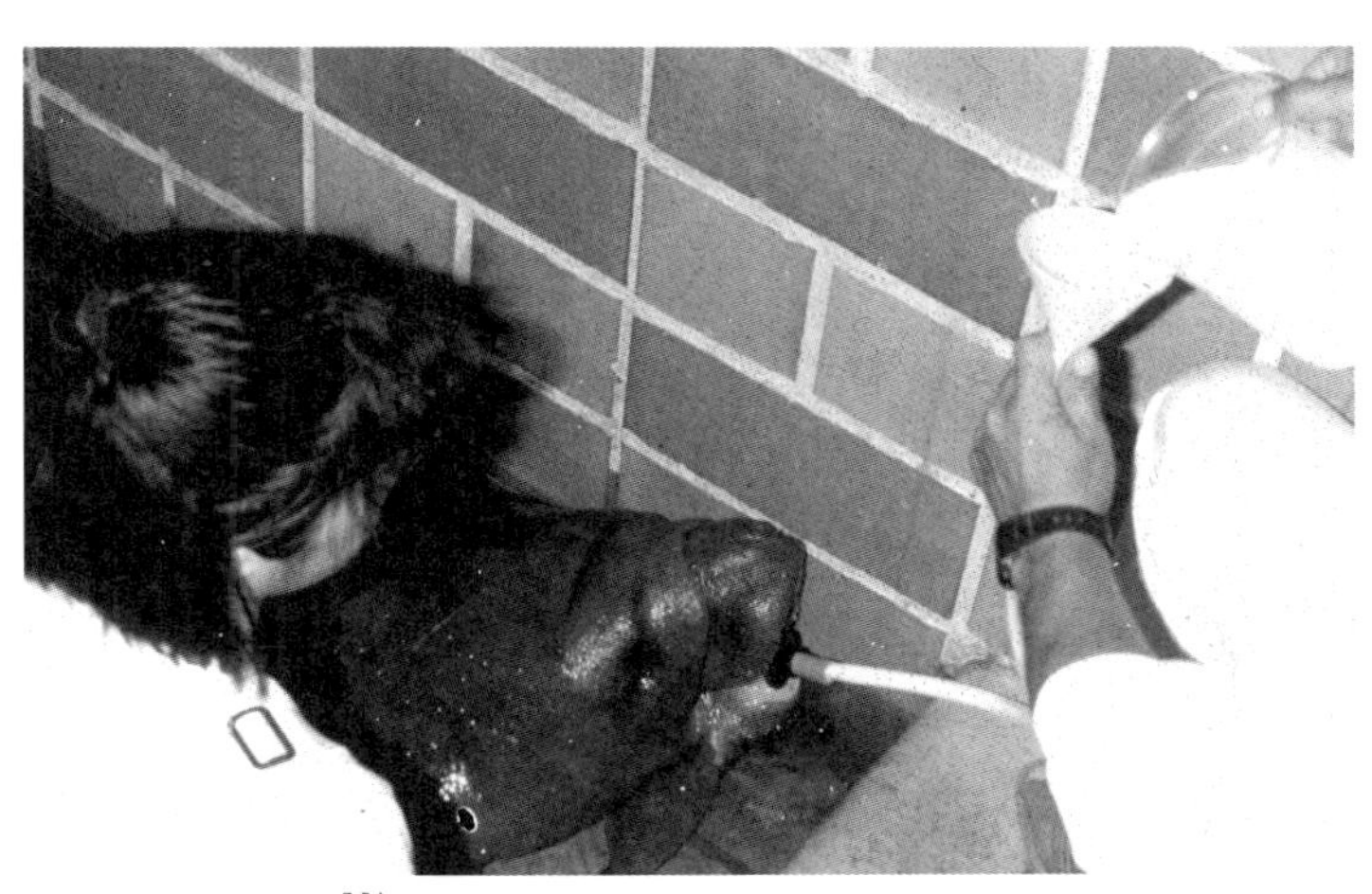

写真60　ミルクを漏斗で美味しそうに飲むユメコ

そんな状況ですから、飼育施設は、仮設的で温度調節機能も貧弱でした。

真冬は室温が下がりすぎないよう、建屋内に保温用のテントを張って室温低下を防ぎました。水の濾過機能も不十分で透明度が悪く、どこにマナティーが居るかわからない状態になる事もありました。

ユメコが元気に育った事で、設備の整った新しい施設を作って、親子を一緒に展示しようという話がもちあがりました。

同じ公園内で、ユメコの両親は旧マナティー館、ユメコはドリームセンターと2箇所に分かれ展示されているのも不自然です。

マナティーは絶滅の恐れのある貴重な動物です。飼育施設を充実させ、次の繁殖につなげる必要もあります。新施設を作るに当り、マナティー

写真 61　新しく出来たマナティー館

を飼育してきた今までの経験を活かし、お母さんマナティーが安心して育児のできる育児水槽、更に万一に備えた人工保育用水槽も作りました。苦労させられた室温、水温の制御、水の透明度も完璧です。出産時、赤ちゃんの遊泳能力に合わせて水深が調節できるようにもしました。

私たちは、マナティーのために快適な環境作りを心がけました。これまでのマナティーを飼育してきた16年間の経験とノウハウをすべてこの新しい施設につぎ込みました。予算、施工面では、国営沖縄記念公園事務所の方々が全面的に協力してくれました。

新しい施設は「マナティー館」と名づけられました（写真61）。

設備の整っていない旧マナティー館にいるメ

ヒコとユカタンをまず移動しました。移動したのは1994年4月26日で、この日は偶然にもユメコの4歳の誕生日でした。

新しい赤ちゃんへの期待　［メヒコの授乳行動］

マナティー館にメヒコとユカタンのカップルを移し、私たちはユメコの妹か弟が生まれる事を秘(ひそ)かに期待しました。

移動後、ユカタンの発情が激しすぎ、メヒコが満足に餌も食べられないほどでした。

6月10日、私たちを驚かせる行動が観察されました。発情しているユカタンが、メヒコの乳首を吸おうとしたのです。メヒコはそれに応じて、脇(わき)を開けてユカタンに乳首を吸わせました。

双子のとき、あんなに嫌がって脇を閉め、赤ちゃんにお乳を与えなかったメヒコです。

そのメヒコが授乳行動をした。相手が赤ちゃんではないにしても、メヒコに母性本能が芽生えたのにちがいないと思いました。

（今度メヒコが赤ちゃんを産んだら、必ずお乳を飲ませてくれる）

私はそう思いました。

その後も、ユカタンの発情とお乳ねだりは続き、メヒコもそれに応じていました。それを見るたび、私たちの期待は膨（ふく）らみました。

しかし、肝心の交尾は観察されず、血液検査による妊娠反応もマイナスでした。

初めてみたマナティーの交尾

マナティーの雌の発情期間は2週間程度です。生殖孔、眼のまわり、脇（わき）の下等を色々な物にこすりつけマーキングすると言われています。その臭いを雄が嗅いで集まり、集まった中から雌は交尾雄を選ぶそうです[2]。

メヒコの場合、発情期間は短くわずか1～2日でした。それに対しユカタンは周年で、いつもメヒコを追い求めていました。しかし、体の小さいユカタンは、メヒコの尾ビレで一括（いっかつ）され、なかなか思いが遂げられません。それでも諦めずメヒコのすきを狙って挑み続け、その努

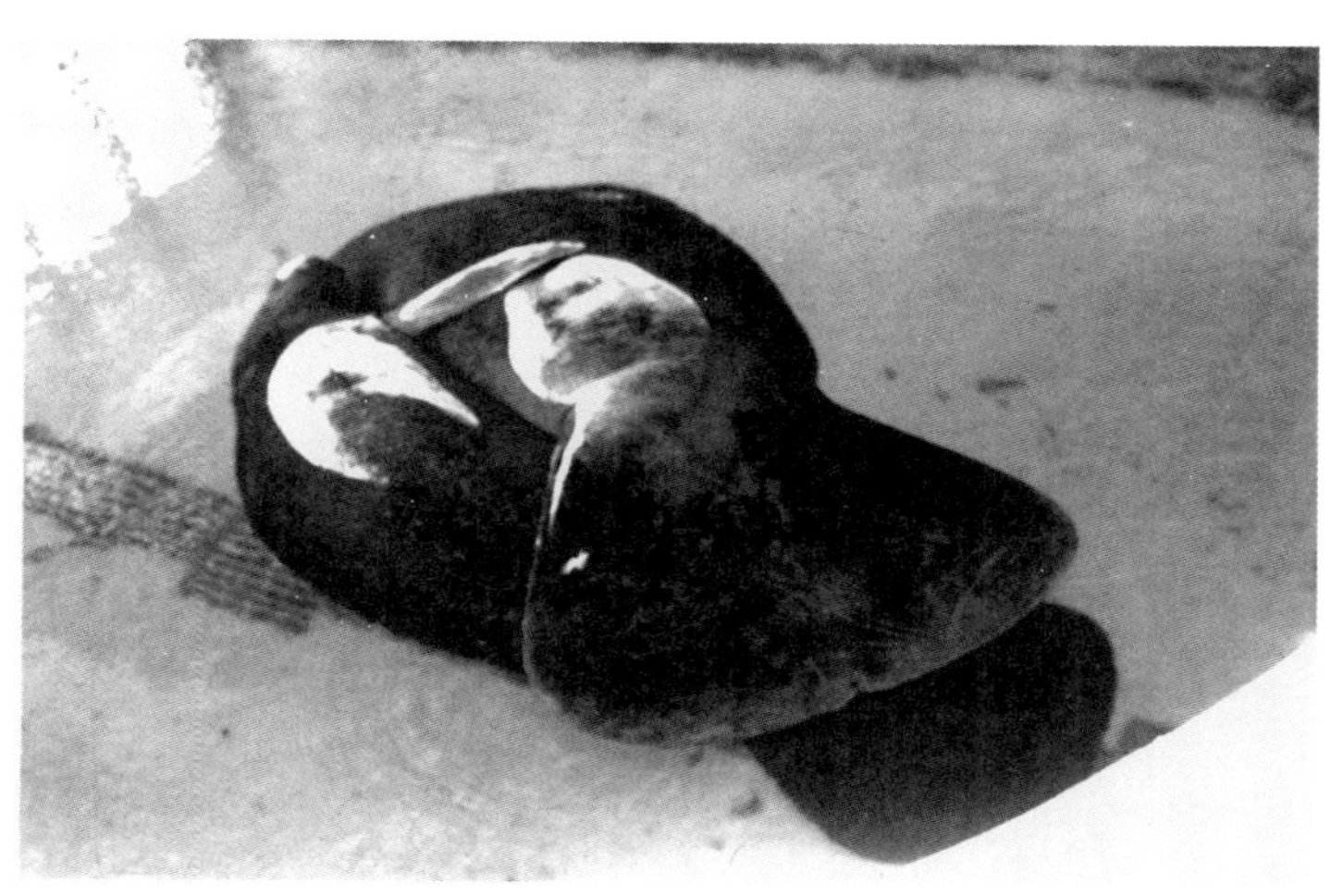

写真 62　メヒコ、ユカタン交尾

力がみのって、メヒコは3回出産しました。しかし交尾の確認はできませんでした。

ユカタンの発情は、移動した翌年（1995年）も2月過ぎから始まりました。

発情が日増しに激しくなってきた7月2日のことです。ユカタンとメヒコが交尾していると連絡が入り、私もスタッフも大急ぎでマナティー館に駆けつけました。

ユカタンがメヒコのやや下から抱きつくようにしていました（写真62・63）。

これまで私はマナティーの交尾を見たことがありません。

観察を始めたのが17時00分で、2頭が離れたのが17時29分20秒でした。何時から交尾が始まったか分りませんが、観察を始めてからでも30分になろうとしています。

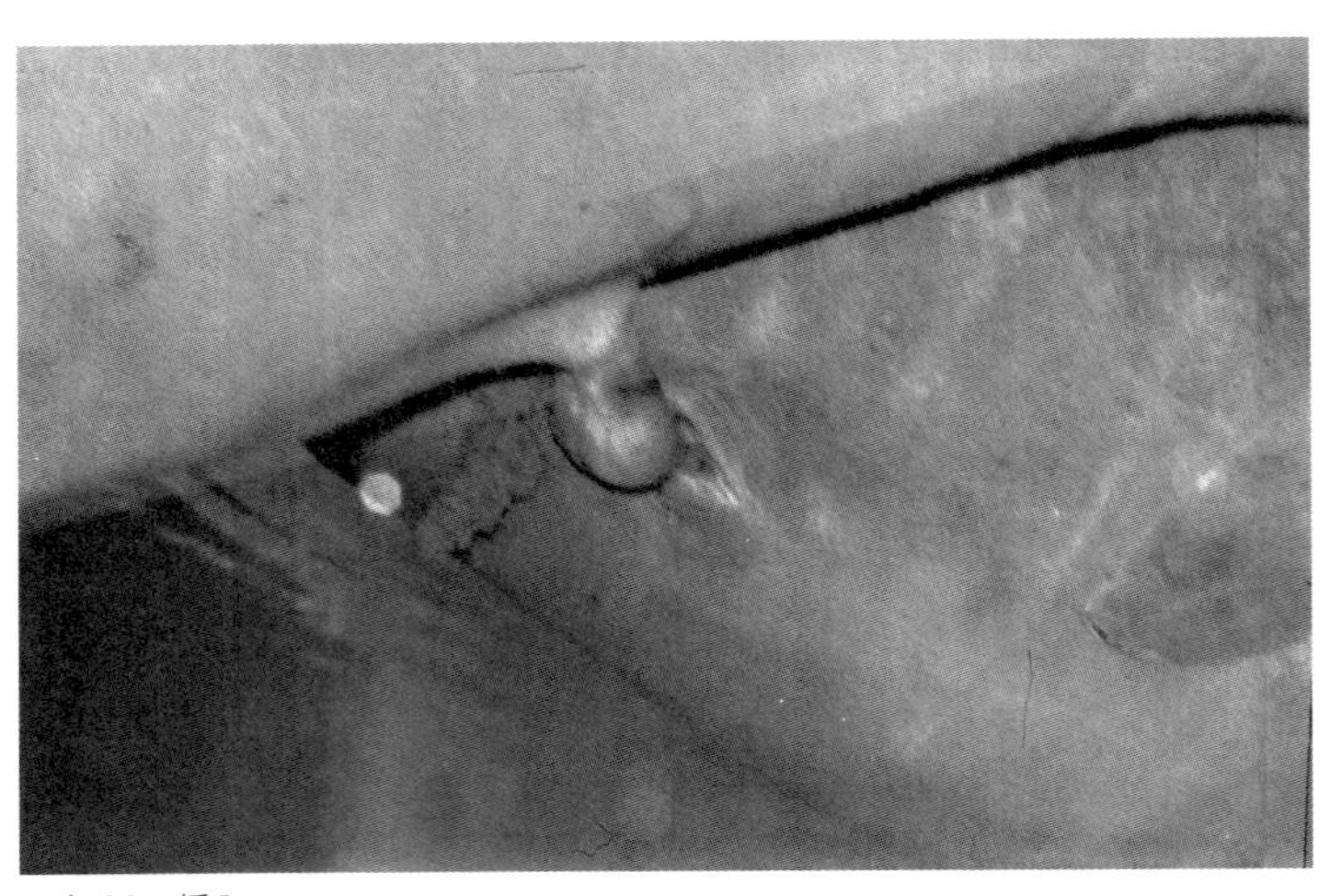
写真 63　挿入

この交尾確認で、メヒコの妊娠への期待が大きく膨らみました。

交尾前の4月20日の検査では、妊娠すると上昇するホルモンのひとつ、血中プロゲステロンが1ng/ml 以下でした。

ところが、交尾確認から18日たった7月20日にこの数値が3・7ng/ml と上昇。これは、妊娠が大いに期待できる数値です。

ユカタンのお乳ねだりにメヒコが応じた事と交尾の確認、そして妊娠を示すプロゲステロン上昇と、益々ユメコの妹か弟の誕生が期待出来そうです。

もし実現すれば、育児水槽を使う事になりますから、予定していたユメコの育児水槽への移動はしばらく延期です。

メヒコの流産と悲しい死

その後、メヒコは餌の食べ方も良く順調でしたが、年が明けた１９９６年の1月11日に血中プロゲステロンの検査をしたところ、何故か数値が1ng/mlまで下がっていました。プロゲステロンの数値は、通常妊娠中に下がる事はありません。

私は不吉な予感に襲われました。しかし、それ以後も食欲、行動共に異常がなく、私はいつの間にかこの事を忘れてしまいました。

急変したのは2月25日です。メヒコの食欲が急に落ちました。

ユカタンと一緒では、メヒコがどれくらい餌を食べているかわかりません。正確な摂餌量を知るため、ユカタンを隣の育児水槽に移しました。その結果、牧草のネピヤグラスをわずかに食べますが、他は見向きもしません。

血液検査の結果は貧血症状がある程度でした。メヒコの体の中で何が起きているのだろう。

出産前は食欲が落ちますが、せいぜい1日か2日です。今回は長すぎます。それに受胎日(じゅたいび)が交尾確認日の7月2日だとすると、マナティーの妊娠期間は1年以上ですから、出産は夏以後で、まだまだ先のはずです。

しかし、3月3日、予期せぬ分娩が始まってしまいました。16時17分のことです。そして17時37分、尾ビレが出始め、わずか17分後の17時54分には赤ちゃんが産まれました。ところが赤ちゃんは動きません。水槽の底に沈んだままです。死産でした。

赤ちゃんは女の子で、体重はわずか5・6kg、体長が68・8cmしかありません。未熟児の可能性のあるユメコでさえ22・7kgありました。

分娩時間が1時間27分と、これまでの分娩時間より短く、尾ビレが出てからわずか17分で生まれています。分娩自体は軽いようでしたが、いつもと違う事が起きました。

メヒコの生殖孔(せいしょくこう)から出血が止まらないのです。このままではメヒコは出血多量で死んでしまいます。

何とかしなければなりません。しかし、この出血を止める技術を、私たちは持ち合わせていませんでした。ふたたび北部病院にお願いするしかありません。

ユメコとのつながりで浜端先生を介し、産科の金武正直(きんまさなお)先生、松浦謙二(まつうらけんじ)先生の診察を受ける事ができました。

先生は出血の様子をみて、胎盤停滞(たいばんていたい)と診断されました。この場合、人為的に胎盤を子宮から剥離(はくり)する必要があります。

3月4日、金武先生、松浦先生により胎盤剥離手術が行われ、無事剥離は成功しました。手術は成功したものの、出血はなかなか止まりません。

5日、佐次田保徳（さしだやすのり）先生、松浦謙二先生により、子宮内洗浄を行いました。

こうした先生方の懸命な治療にもかかわらず、メヒコは心臓の鼓動がだんだん弱くなり、心拍数（しんぱくすう）が下がり始め、とうとう数えられなくなりました。

そのとき、私は、メヒコをしっかり抱きしめていました。

メヒコは、静かに眠るように最後をむかえました。

1996年3月7日、14時15分46秒、メヒコは息を引き取りました。

メヒコがメキシコから来て18年の歳月が流れていました。

その間、色々なことがありました。双子の出産、産熟熱（さんじゅくねつ）、ユメコ出産、背中にできた膿瘍（のうよう）切開（せっかい）手術など、たくさんの喜び、そして悲しみを一緒に味わってきました。しかし悲しんでばかりはいられません。

何がメヒコを死に追いやったのか。原因究明は、次の命の救命につながります。

8日、治療に携わった佐次田先生、金武先生の下、解剖を行いました。解剖の結果、胎児が体内で死亡し、そこからの異物がメヒコの肺動脈を詰らせる、血栓性塞栓（けっせんせいそくせん）をおこし、肺水腫（はいすいしゅ）による死亡とわかりました。

人間の場合なら、胎児が体内で死亡した時点で、人為的に流産させ、母体への悪影響を排除するそうです。メヒコの場合、プロゲステロンの値が1ng/mlまで下がった1月の時点で、何らかの手を打つべきでした。当時の日記に「おかしい」の記述はありますが、経過を見ようという程度で、具体的な対策はなにもしていません。この時点で、専門医に相談するなりの手を打っておけば、メヒコは死なずにすんだかもしれません。死因がわかったとき、自分の甘さがつくづく嫌になりました。

メヒコが死んで、残されたのはユカタンとユメコの親子です。

ユカタン一頭になったマナティー館はとても寂しく感じられました。追いかける相手がいなくなり、じっとしている事の多くなったユカタンにとって、展示水槽は大きすぎます。

おまけに隣の育児用水槽は空っぽで、より一層寂しく感じられました。

以前から予定しながら延期していたユメコをマナティー館に移動することで、落ち込んでいるユカタンの気晴らしに少しでもなれば、と思いました。

7月11日、ユメコをマナティー館の育児水槽に移動しました。

育児水槽と展示槽の間は格子でへだてられていますが、格子越しとはいえ、親子の対面が実現しました。

メキシコ大統領からのプレゼント　［新しいマナティー］

メヒコの死は、メキシコ合衆国エルネスト・セディージョ大統領の耳にも届きました。大統領の計らいで、独りになってしまったユカタンには新しい奥さんを、ユメコにはユメコにふさわしい花婿をプレゼントしようという事になりました。

この話が持ち上がったのは、メヒコが死んだ翌年の１９９７年でした。この年は日本のメキシコ移民が始まってちょうど１００年にあたります。それを記念しマナティーを日本国民とユカタン、ユメコにプレゼントしようというのです（日本動物園水族館協会発表要旨）。

プレゼントは、大統領訪日の３月までに実施したいというのが、メキシコ側の意向でした。そうなると輸送は２月中になります。

輸送ルートは、捕獲地のユカタン半島東岸キンタナロウ州チェトマルをスタート、メキシコシティー経由、寒冷地バンクーバーでの乗り継ぎ、成田へ。そこから陸路で羽田空港へ。羽田で１泊、翌日沖縄です。輸送距離は１４００km を超え、輸送時間は60時間にもおよびます。

２月の輸送となると標高の高いメキシコシティー（標高２２３０ｍ）、寒冷地バンクーバーでの気温低下が懸念（けねん）され、更に羽田での1泊はかなり厳しいと予想されます。東京の2月の平均気温が6度以下で、日によっては0度を下回る事もあります。

19年前の4月、ユメコの両親、メヒコとユカタンがメキシコからやって来たとき、羽田で一泊しましたが、室内を20度以上に保つのにとても苦労しました。

2月となればもっと寒くなります。この寒さに熱帯育ちのマナティーをさらすわけにはいきません。私たちは真冬の輸送は避けたいと思いました。

そこでメキシコ側窓口のＩＮＥ（国立環境研究所）野生動植物担当調整官カタリーナ・バラサ女史と再調整した結果、捕獲地が乾季に入り、日本も暖かくなる5月と決まりました。

マナティーを捕獲する　［メキシコと日本合同チーム結成］

マナティー輸送のため、私は先発として5月3日に、内田館長が6日、宮原君が10日に沖縄を出ました。私は7日に現地入り、メキシコ側捕獲チームと具体的な打ち合わせに入りました。

メキシコ側捕獲責任者は、チェトマル湾にあるマナティー自然保護区でマナティーの研究をしている南国境学院の生物学者のベンハミン・モラレス氏です（写真64）。彼と話し合い、捕獲場所、蓄養（ちくよう）キャンプ地を決定し、日本側スタッフの到着を待ちました。内田館長はじめ、日本側スタッフ全員がそろったのは、5月14日でした。捕獲開始は5月16日で、この日から18日までの間に4頭のマナティーを捕獲しました（写真65・66・67）。

捕獲地のチェトマル湾マナティー自然保護区は、水路が縦横無尽（じゅうおうむじん）にひろがり、マングローブがうっそうと茂って、水先案内人なしではとても入れません。

このような地形では、船上からのマナティー探索は無理で、空からセスナ機とヘリコプターで行いましたが、ヘリコプターはその威力をおおいに発揮しました。

空からマナティーを探索し、発見場所を印した地図をペットボトルに入れ、捕獲班に投下するのですが、セスナはスピードが早すぎ、ペットボトルがどこに落ちたかわからなくなりました。その点スピードの遅いヘリコプターは正確で、ペ

写真64　捕獲作戦会議。責任者ベンハミン・モラレス氏

ットボトルの回収が容易でした。更に威力を発揮したのがホバリング（停止飛行）でした。発見したマナティーの頭上でホバリングし、捕獲班は、それを目印に操船できました。またマナティーが移動しても、ヘリコプターは追跡でき、見失いません。

捕獲費用はメキシコ政府負担ですが、セスナ機、ヘリコプターのチャーター費には随分お金がかかったと思います。当時、今のようなドローンがあれば、手軽で経費もかからず、さらに確実にマナティーの探索ができたでしょう。

捕獲方法は、一見原始的なようですが、水深（2～3ｍ）が浅く比較的透明度のよい条件では理にかなっていると思いました。船がマナティーを見失っても水深が浅いので、ヘリコプターは追跡し続けられます。

逃げるマナティーとの距離を徐々につめ、マナティーが疲れて頻繁に呼吸するようになり、水面から顔を出す時間が長くなってくると、そのときが捕獲チャンスです。

捕獲器は柄の先に半円形の針金が付いていて、その針金に沿って輪状のロープがセットできます[17]（図16）。

捕獲係は、船首に立ち捕獲器を構え、操船者は船をマナティーに近付けます。

マナティーが呼吸のため、水面に顔を出したときに輪を首に掛けます。

首にかかると輪が締まり、驚いたマナティーは猛然と疾走し、逃れようとして体を回転させ

写真 65　手に持っているのが捕獲器

写真 66　ヘリ探査

写真 67　マナティーが捕獲され係員が飛び込む

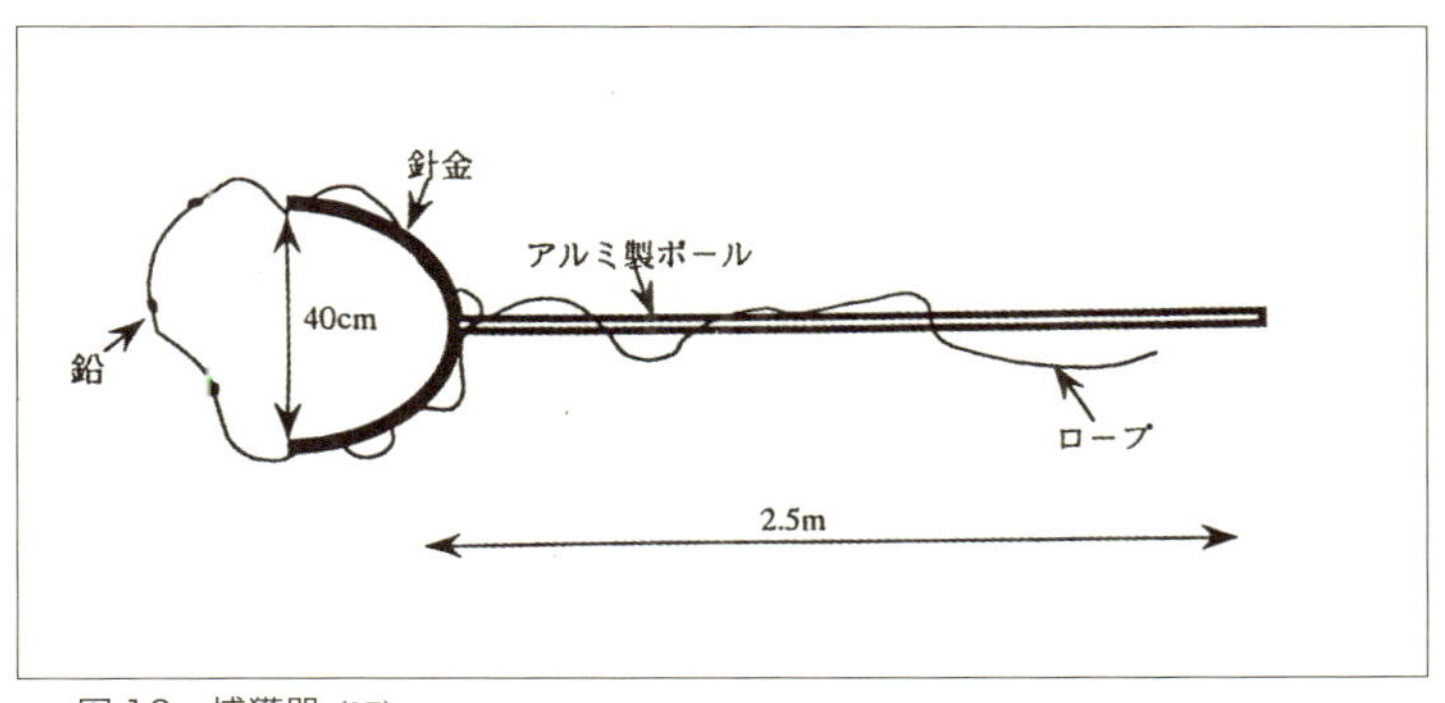

図 16　捕獲器（17）

ます。これがかえってロープを体に巻き付ける結果になり、マナティーは自由が利かなくなってきます。そのマナティーに船を近付け、捕獲班十数名が飛び込み保定作業にはいります。捕獲班が船べりをつかみながらマナティーを保定している間に船を浅瀬に移動し、マナティーの体の下に空気の入っていないゴム製ボートを敷き、敷き終わると空気を入れ、ゴムボートを浮上させます。マナティーは、ゴムボートの中に入った状態で水上に持ち上げられ、捕獲完了です（写真68）。

複雑に入り組んだマングローブの茂る水路での捕獲は、網が使えませんから、この方法はとても合理的だと思いました。

捕獲作業は、捕獲責任者のベンハミン・モラレス氏の率いる南国境学院の学生や漁師で、私たち輸送班は、写真撮影、記録を担当し、捕獲には直接かかわりませんでした。

しかし、黙って見ているわけにはいかない事態が発生しました。

捕獲班は、追い回され息が荒くなったマナティーの鼻腔（びこう）を濡（ぬ）れた手で塞（ふさ）ぎ、充分な呼吸が出来ないようにしたのです。何故そんな事をするかというと、保定作業中に元気をとりもどし、暴れださないようにするためだそうです。

私は、急いで服のまま飛び込み、保定作業に加わりました。

日本で待っているユカタンには新しいお嫁さん、ユメコにはお婿さんを連れて帰り、絶滅の

写真 68　捕獲したマナティーの曳航。体には毛布が掛けられているが、ボートからは丸い尾ビレがはみ出す

危機にあるマナティー繁殖の一助にするには、捕獲はやむを得ない事です。しかし、その目的のためには、健康な個体であることが第一条件です。

苦しくて呼吸しようとしているとき、鼻腔を濡れた手で塞ぐと、水を吸いこむ危険があります。もし水を吸いこむと肺に水が入って肺炎になりかねません。健康なマナティーを日本に連れて帰るのが私たちの使命です。マナティーは、基本的には大人しい動物です、そんな事をしなくても、暴れさせない技があります。

私は水に入り、マナティーの顎の下に腕を差し入れ、舟べりをしっかりつかみました。イルカやマナティーは、顔を水面から出されると潜ろうとしても潜れず、動きが制御しやすくなります。イルカやマナティーとの長年の付き合いから私たちが学んだ事で、飼育経験のないメキシコ側スタッフにはわかりません。

それでもマナティーは潜ろうとして私の腕を強く押しましたが、鼻腔を塞がなくてもすみました。言葉の通じない捕獲班の彼らに手振り身振りで説明、理解してもらいました。

キャンプ地はジャングルのなか

捕獲したマナティーは4頭、その中から輸送に適した2頭を選び、輸送準備が整うまでキャンプ地で蓄養しました。この2頭は、チェトマルを出発する5月22日まで、私たちがキャンプ地に宿泊し世話をしました（写真69・70・71）。

キャンプ地は迷路のようにラグーンが入り組んだマングローブの湿地帯で、プンタ・ポルボックスという岬の先端でした。電気もトイレも何もありません。トイレはスコップを持って棘だらけの潅木（かんぼく）の間をぬい、適当な場所に穴を掘って済ませます。ジャガーや毒蛇がいるというので、びくびくしながら用を足す有様でした。

昼はアブ、夜は蚊の襲撃（しゅうげき）に悩まされました。不思議な事にアブは現地の人をあまり刺さ

写真 69（左上）キャンプ地 Punta polvox　写真 70（右上）畜養用組立水槽設置
写真 71（左下）収容されたマナティーのチェック　写真 72（右下）蚊対策、セーターを着て寝る

ず、私たちに群がってきます。原因はわかりませんが、私たちの血の方が美味しいのかもしれません。

夜になると昼行性（ちゅうこうせい）のアブは姿を消し、その代わりに夜行性の蚊が大群で襲（おそ）ってきます。熱帯とはいえ、夜はかなり気温が下がり、セーターを着るのですが、蚊はセーターの上からでも刺します。すごい執念です。ここの蚊は日本の蚊と違い、刺されると痛いのです。そんな中、宮原君は7日間もよく耐えてくれました（写真72）。

文明社会から孤立したキャンプ地ですが、緊張の中にも一時の安らぎと楽しみがありました。学生時代は、故郷信州の山を登山、キャンピングするのが趣味でした。水族館に勤務してからとてもそんな暇（ひま）はありません。久々のキャンピングは、昔取った杵柄、ペットボトルを切ってコップを作ったり、漁師のChanさんの投網に同行したりで、ワイルドが好きな私は、マナティー輸送の重責を担っているのも関わらず、この生活を楽しんでいました（写真73・74・75・76・77）。

写真73

写真74

写真75　写真76

写真77

写真73　朝食準備
写真74　朝食。コップはペットボトルを切って作る
写真75・76　朝、マナティー捕獲に協力している漁師のchanさんの投網に同行
写真77　捕獲した魚

メキシコから沖縄までの大輸送

２頭のマナティーは現地時間5月22日午後2時20分、キャンプ地プンタ・ポルボックスをボートで出発、チェトマル近郊の船着場、カルデリータスに向いました。

ボートは小さくマナティーが暴れたら転覆（てんぷく）しそうです。出発して間もなく、バンドウイルカが数頭現われ、しばらくボートと一緒に泳ぎ、まるでマナティーを見送っているようでした。

カルデリータスからトラックでチェトマル空港。ここで日本までの長旅に備え、本格的な輸送準備をしました。

チェトマルからメキシコシティーまでは、メキシコ空軍輸送機ヘラクレスです。ヘラクレスの後方は大きく開き、トラックでも積めそうでした。マナティーの積み込みは兵士が手際よく行い、私たちは見ているだけですみました。ヘラクレスは、その名前通り重厚な動きで、ゆっくり滑走し静かに上昇していきます。

メキシコ空港には、早朝3時50分到着。ここから先は日本側の担当で、日本航空のＢ７４７ＬＡに積み替えです。

表－7 輸送行程記録(メキシコー沖縄(1997.5月22日(メキシコ時間)ー25日(日本時間))					
場所	月　日	出発・到着時刻	所要時間	距離(km)	輸送方法
キャンプ地		(メキシコ時間)			
(プンタ・ポルボックス)	5月22日	出　14時20分(メキシコ時間、時差14時間)		28	ボート
カルデリータス		着　15時25分	1時間05分		
		出　16時45分	1時間20分	20	トラック
チェトマル		着　17時25分	40分		
	5月23日	出　01時25分	8時間00分	1,398	メキシコ空軍機ヘラクレス
メキシコシティー		着　03時50分	2時間25分		
		出　11時40分	7時間50分	3,859	日本航空B747LR
バンクーバー		着　14時40分(バンクーバー時間、時差16時間)	5時間00分		
		出　16時00分	1時間20分	7,742	日本航空B747LR
成田	5月24日	着　16時25分（日本時間)	8時間25分		
		出　18時15分	1時間50分	90	トラック
羽田		着　20時00分	1時間45分		
	5月25日	出　08時15分	空港泊	1,600	日本航空B747LR
那覇		着　10時55分	2時間40分		
		出　11時55分	1時間00分	84	トラック
本部水族館		着　14時55分	2時間55分		
	総輸送時間　60時間00分　総輸送距離　14,821km				

表 7　輸送行程記録 (メキシコ - 沖縄) [17]
1997.5 月 22 日 (メキシコ時間)-25 日 (日本時間)

ここまでは飛行中もマナティーの世話が出来ましたが、ここからはいったん機内貨物室に入ってしまうとバンクーバーまで見られません。出発前、乾燥防止用器具の水量、マナティーの位置の修正等を念入りにする必要がありました。時間はアッという間に過ぎてしまいました。

バンクーバーには14時40分到着。到着と同時、特別に許可をもらい機内貨物室にとんでいき、2頭の息づかいを聞いてホッとしました。

日本までは、更に長い8時間25分のフライトです[17](表7)。後は無事を祈るだけ。そう思うと妙に開き直った気分になりました。

5月24日、16時25分(日本時間)成田着。2頭は元気でした。

1ヶ月ぶりの日本です。しかし、日本の雰囲気を味わう暇はありません。すぐトラックに積替え、羽田空港に向け出発です。この日は羽田で一泊、翌日の8時15分に沖縄に向かいます。

羽田の5月はまだ寒く、2頭が風邪を引かないよう温かくしてやらなければなりません。空港では水族館スタッフ3名が受け入れ準備を整えていました。19年前（1978年）、ユメコの両親メヒコ、ユカタンが日本にやってきたとき同様、保温と暖かい水の準備には苦労したようですが、準備は完璧でした。

翌25日8時15分、いよいよ沖縄に向け出発（写真78・79・80・81）。

私はメキシコを出てからほとんど眠っていませんでした。水族館スタッフが一緒という事もあって安心したのでしょう、離陸直後、疲れがどっと出て眠ってしまいました。

那覇空港には、10時55分に着きました。水族館スタッフの手際よさで、トラックへの積替えと水交換は1時間足らずで済みました。そして14時55分、本部町の海洋博公園の新マナティー館に無事搬入できました。

蓄養地メキシコ、プンタ・ポルボックスからの輸送時間は60時間、輸送距離14821kmの長旅でした。

新マナティー館で、ゆっくりと泳ぐ2頭を見て、私は無事到着したことをあらためて実感し、安堵（あんど）の気持ちが一気に溢（あふ）れました。

写真 78-79　水族館スタッフによる沖縄への出発準備（機内でのマナティー乾燥防止用点滴ボトル準備とセット）

写真 80　マナティーをコンテナーに積み込む

写真 81　コンテナーの機内積み込み

新しい家族「マヤ」と「琉」

雌のマナティーは、ユカタンの後添え、雄はユメコのお婿さん。二組のカップルから赤ちゃんが生まれる事を心から願いました。

特にユメコが赤ちゃんの面倒を見ている様子を想像すると、ユメコと一緒に乗り越えてきた今までのことが眼に浮かびます。

新しくやって来た2頭は、雌は「マヤ」、雄が「琉」と命名されました。

名前の由来は、メキシコがマヤ文明発祥の地であることから、雌は「マヤ」。雄は、ユメコのお婿さんとしてメキシコから沖縄にやってきたことで、婿養子(むこようし)といった意味も含め、沖縄がかつて琉球と呼ばれていたその一字をもらって「琉」と名づけられました。

これで「ユカタン」と「マヤ」、「ユメコ」と「琉」、二組のカップルが誕生したわけです。

絶滅の恐れのあるマナティーの繁殖が軌道に乗り、繁殖したマナティーをメキシコに里帰りさせる事もできる。期待が膨(ふく)らみました。水族館、動物園の大きな使命の一つが、絶滅の危機にある動物を繁殖させ、種の保存に寄与する事です。

精一杯生きたユメコは、世界一の幸せもの

しかし、現実は、そううまくいきませんでした。

マヤと琉が日本に来て1年4ヶ月になろうとした頃でした。

1998年9月6日のことです。朝の見回りで、ユメコの水槽を覗(のぞ)くと、夜間に入れたレタス、キャベツ、人参をほとんど食べていません。泳ぎ方もなんとなく元気がなく、気だるそうでした。

ユメコは、1歳の誕生日の前後に腸炎にかかりましたが、その後はとても元気で、病気らしい病気はしていません。それで、私はすぐ食欲がもどると思いました。

ところが、普段なら30kgほどの野菜を食べるのに、わずか2～3kgしか食べない日が続き、9月10日にはまったく食べなくなりました。

浜端先生に連絡し、治療方針について相談しました。先生はこのとき、沖縄市の病院に移られていましたが、2時間近くかかる道のりにもかかわらず駆けつけてくれました。

血液検査の結果、肝機能(かんきのう)異常と腹水(ふくすい)が溜(た)まっている可能性のあることがわかりました。

ユメコの体重は、１歳のときの倍以上の３４０kgにもなっていて、そう簡単に検査や治療はできませんが、出来る限りの事を試みました。

餌の工夫も以前同様、夢有民（ムウミン）牧場や今帰仁（なきじん）の畜産研究センターにお願いし、ユメコが食べそうな牧草を色々と与えました。しかし、ユメコは口にしません。

浜端先生にも参加してもらい、今までの経験を生かし出来うるかぎりの治療を行いました。しかしその甲斐（かい）なく、ユメコは私たちが見守る中、１９９８年9月18日20時56分43秒、静かに息を引き取りました。

８歳と１４５日の命でした。

ユメコは精一杯生きたと思います。

そして私たちも精一杯、ユメコに尽（つ）くしたと思います。

ユメコが死んだのは、とても辛い事でしたが、よくここまで生きてくれたと思う気持ちもあります。

ユメコの命をうばった病気、死因は何なのか、調べなければなりません。特に治療に当たった浜端先生はそれを痛切に感じていました。

死因を特定するには、ユメコを病理解剖する事です。死因特定の病理解剖は、浜端先生を筆頭に病理医の内間（うちま）久隆（ひさたか）先生、県立北部病院検査室玉城技師に参加いただきました。

この本をまとめるにあたって、浜端先生から病理解剖の経緯についてメールをいただきました。その内容をそのまま記述したいと思います。

ユメコが亡くなって、私は死因を確認するために病理解剖が必要と考え、中部病院で長年病理医として勤務し、旧具志川市で開業したばかりの内間久隆先生に連絡しました。内間先生は私が中部病院で研修医時代、スタッフとして勤務していました。研修医であった私のことはほとんど覚えていないと思われましたが、思い切って内間先生に連絡したところ、ユメコの病理解剖を快く引き受けてくれました。日曜日早朝、私は内間先生を水族館にお連れし、ユメコの病理解剖を行いました。内間先生はその一週間後、今度は一人で水族館を訪れ、追加の検査を行いました。

このメールから浜端先生、内間先生の死因究明への熱意をあらためて感じました。

病理解剖で採取された病理組織は中部病院の国島睦意（くにしまのぶよし）先生に送られ、検査していただきました。国島先生へは内間先生がお願いしたと思います。

国島先生から組織検査の結果が出たとの連絡を受け、中部病院に伺い、直接お話を聞きました。内容はとても専門的ですが、総括すると次の通りです。

消化管（小腸）からの感染由来により、高度の炎症が肝臓に認められ、その結果、肝機能不全となった。又、敗血症によるショックから血栓形成（DIC：広汎性血管内凝固）、循環障害を起こし、結果として腎不全となった。胸水及び腹水の貯留（ちょりゅう）は循環障害と思われる。

先生方のユメコに対する思いの深さをあらためて知り、感謝の気持ちでいっぱいです。
ユメコは世界一の幸せものです。
ユメコは私に色々な事を教えてくれました。
生き物としっかり向き合う大切さ、その感動。
ユメコを通して浜端先生をはじめ、多くの素晴らしい方々と知り合う事ができました。
私はユメコに感謝しなければならない貴重な体験を、たくさんさせてもらいました。

新しい命の誕生　〔母性本能のめばえ、授乳成功〕

ユメコが死んだ事で、メキシコから来たお婿さんの琉とユメコのカップルは、実現できなくなりました。しかし、ユメコの夢は別の形で叶えられました。

ユメコのお父さんのユカタンと、新しく来た奥さんのマヤの間に女の子が生まれたのです。

マヤの妊娠が明らかになったのは、２０００年６月６日の妊娠判定検査でした。

マヤには赤ちゃんの面倒を自分で見てもらいたい。お乳も飲ませ立派に育ててもらいたい。

そのための第一歩は、赤ちゃんが自力で水面まで泳ぎ上がる事です。

今までの出産では水深が3メートルありました。ユメコが生まれたときの状況や、マイアミシークアリウムのスタッフの話から、この水深は新生児にとって深すぎると感じていました。

そこで２００１年４月27日、水位を3メートルから2メートルにしました。

10月13日23時20分、いよいよ出産が始まり、尾ビレから生まれてきた赤ちゃんは、頭が出ると同時に、必死で水面に向って泳ぎ上がろうとします。

まだ軟らかく水をかく力の弱い尾ビレを必死であおり、小さな櫂(かい)状の手で水をかき、頭をもたげ、背伸びするようにしながら水面に向って行きます。

しかし、力尽きたのか、尾ビレの動きが止まり、沈み始めました。

まただめかと思ったとき、赤ちゃんはふたたび尾ビレをかいて、水面を目指したのです。

私も、見ているスタッフも、声には出さず心の中で、

（ガンバレ、ガンバレ）

と絶叫していました。

そしてとうとう赤ちゃんは、つんのめるようにして、鼻先を水面に出し、呼吸しました。

「ワーやったー」

私たちは思わず歓声を上げ拍手をしました。しかし急いで口を塞（ふさ）ぎました。この音が赤ちゃんやお母さんを脅（おびや）かしたら大変です。

赤ちゃんがやっと水面までたどり着いて呼吸したのを見て、水深を２ｍにして良かったと思いました。３ｍのままだと到底水面までたどり着けなかったでしょう。

マナティーの赤ちゃんにとって初めての呼吸は、人間の赤ちゃんが「オギャー」と泣く産声（うぶごえ）にあたります。

自力で呼吸をした事で、最初のハードルはクリアー出来ました。次のハードルはマヤがお乳を飲ます事です。

写真82　授乳風景（国営沖縄記念公園〔海洋博公園〕沖縄美ら海水族館　提供）

マヤは赤ちゃんを気遣うのですが、肝心の授乳は拒否しました。ユメコのお母さんのメヒコと同じです。赤ちゃんがもう少しで乳首に届く寸前で、マヤは脇を閉め、拒否します。何回も吸い付きそうになりますが、だめでした。

しかし、ついにそのときがきました。生まれて1日が過ぎた15日深夜1時59分のことです。

拒否するマヤの隙をぬうように、半ば偶然のタイミングで赤ちゃんが、マヤの乳首に吸い付いたのです。

マヤはこの1回で母性本能が芽生えたのか、その後は積極的に脇を開け授乳体勢を取るようになりました。夢に見た授乳風景です（写真82）。

一度、授乳を経験すると、マヤは面倒見の良いお母さんに変身しました。

私たちが心から願っていた親子の姿です。

赤ちゃんは順調に育って、ユメコのときと同じように愛称募集が行われ、名前は「ユマ」と決まりました。名前の由来は、お父さんのユカタンの「ユ」とお母さんのマヤの「マ」をもらって「ユマ」で、1歳の誕生日に発表されました。

ユマは元気に育ち、今ではユマとお母さんのマヤの区別がつかないほどです。

ユメコは琉のお嫁さんにはなれませんでしたが、ユメコの夢を妹のユマが叶えられます。

私には、ユマはユメコの生まれ代わりのような気がしてなりません。

近い将来、きっと琉とユマの間に、可愛い赤ちゃんが生まれるでしょう。

天国のユメコもそれを望んでいるはずです。

エピローグ

マナティーが教えてくれた大切なこと

私が海洋博公園の水族館でマナティーの飼育にかかわったのは、１９７８年から２００９年までで、31年にも及びました。

現在、私は水族館を定年退職し、通信制高校で生物の担当として教壇に立つ中、授業でマナティーの人工保育の体験を取り上げています。

何らかの事情で普通の高校に行けなかった、行かなかった生徒たちに、マナティーの飼育、人工保育から学んだ体験を伝え、これからの長い人生に、少しでもいいから何か役立ててもらいたいと思っています。

教室での授業の後に、日本では沖縄以外に鳥羽水族館、新屋島水族館、熱川ワニ園でしか見られないこの貴重な動物をよりいっそう理解してもらいたいと思い、生徒たちを引率し、海洋博公園を訪ねています。

先日、マナティー館を訪ねました。ユメコのお父さんの「ユカタン」とユカタンの後添え（のちぞえ）としてメキシコから来た「マヤ」のカップル、ユカタンとマヤの間に生まれたユメコの妹の「ユマ」とユメコのお婿さん候補としてメキシコから来た「琉」のカップル、この2組のカップルが悠々泳いでいました。

飼育担当の職員から、健康状態をみながら新たな命の誕生に向け色々な試みをしていると聞き、近い将来必ずユメコの妹か弟の誕生が実現すると思いました。

優雅に泳ぐマナティー達を見ていると、赤ちゃんマナティーにピッタリ寄り添って泳ぐお母さんになったユマとマヤの姿が眼に浮かんできます。

「マナティー赤ちゃん誕生」

このニュースが新聞、テレビに躍り出てくる日が楽しみです。きっとそれをユメコ（まな子）も楽しみにしていることでしょう。

突然の悲しい知らせ

２０１９年（令和元年）９月10日のことです。

この本の校正原稿のチェック中、電話が鳴り、突然の訃報が飛び込んできました。

ユカタンが亡くなったという知らせです。

頭をハンマーでガーンと強打されたようでした。

この日の午前中、「マナティーの人工保育から学んだ事」をテーマに授業をしたばかりで、翌日、マナティーを見に行く予定でした。とても信じられません。急いでマナティー館に駆けつけました。自分の眼で確かめるまでは、信じられない気分でした。

ユカタンの居た水槽に案内され、動かぬユカタンを見て、この現実を受け止めるしかないと悟りました。ユカタンは担架に乗せられていました。その姿は、体重測定をしたときと全く変わりません。今にももぞもぞ動き出しそうに思えました。しかし、もう動く事は決してありません。

私とユカタンとの31年におよぶ付き合いの中で、ユカタンはほとんど病気らしい病気もせず、とても健康でした。7～8年前、皮膚の真菌症で治療をしたそうですが、全快し元気になったと聞いていました。

今回の症状について、担当の獣医さんの話では、8月くらいに真菌症が再発し、治療を開始したのですが、ここ数日前から食欲が激減し、抗菌薬の治療を始めた矢先だったそうです。

ユカタンの死は、とても穏やかで、苦しむ様子もなく、一度おおきく伸びあがり体を反らした後、ガックリ肩を落とし静かに息を引き取ったそうです。

ユカタンが死んで、ユカタンとマヤのカップルは消滅しました。残念ながら、ユカタンの死で、琉とユマのカップルだけになってしまいました。繁殖のチャンスが半減してしまったわけですが、全くゼロになったわけではありません。

私の育てた「ユメコの夢」は、沖縄でマナティーの赤ちゃんが生まれ、育つことで、日本で僅か3館でしか見られないマナティーという動物の魅力、素晴らしさを沖縄だけでなく全国の人に知ってもらう事、そしてまだまだ絶滅の恐れのあるマナティーを守る一助となることです。この夢はまだついえたわけではありません。必ずその時がやってくると信じています。

新しく入った獣医さんに「ユカタンの死が次の命の救命につながるよう」しっかり調べて欲しいとお伝えし、ユカタンとの最後のお別れをしました。

命を育む尊さ

私は、50年近い水族館人生で、動物飼育を通じ色々な経験をしました。そのなかでマナティーの人工保育は、飼育人生最大の出来事でした。人工保育は、私に人生の指針とも言える大切な事を教えてくれました。

その第一は「諦めない」です。

自力で水面まで泳ぎ上がれないほど虚弱（きょじゃく）なユメコが育ったのは、みんなが諦めなかったからです。

ユメコが生まれたとき、どんな事があってもこの子を育てようと思いました。しかし、そうは思っても、衰弱してゆくユメコを見ていると、くじけそうになりました。それでもそのつど

「諦めるな」と自分を奮（ふる）い立たせました。治療に当たってくださった浜端先生は、そんな私を支えてくれました。

でもなにより一番大きかったのは、ユメコ自身が生きることを諦めなかったことです。彼女は本当によく耐えてくれました。私は「諦めない」ことの大切さを学びました。

第二に学んだことは「相談する」です。つまり、自分だけで解決しようと思わない。

それはメヒコが初めて生んだ双子を死なせてしまったという失敗が、大きなきっかけになりました。双子の人工保育を試みたときは、自分ひとりで解決しようというおごりがありました。しかし本当に困って、なんとかしたいと思ったとき、それぞれの分野で知識を持つ多くの人に相談し、解決の道を探ることがとても大切だとわかったのです。困ったとき、必死で他の人に相談する。そうすれば必ず道は開ける。このことをつくづく実感しました。

ユメコが育ったのは、こうしたみんなの知恵と情熱の結集なのです。

そしてもうひとつ、とても大切なことを学びました。

「どんなに追い込まれ、苦しい立場に立たされても、一日にほんのひとときでも安らげる場、時間があれば必ず苦境を脱せられる」ということです。

私はユメコの人工保育のため、半年近く水族館に泊り込んでいましたが、夕食だけは家族とすごしました。ユメコの状態が悪化し、行き詰っていた頃、この家族との1時間足らずの団欒（だんらん）

が私を救ってくれました。どんなに疲れていても家に戻り、家族と団欒しながら夕食を済ませて、水族館に戻るときには、私は元気になっていました。もしこのひとときが無かったら、私は心身共にもたなかったでしょう。

ほんのひとときの安らげる時間、居場所がどんなに大切かを学びました。

今にも消えそうな命の灯をなんとか消さず育てたい。私の思いに多くの方々が力を貸してくれました。消えそうな命と向き合う日々から、私は「命を育む尊さ」を痛感しました。瀕死（ひんし）のユメコを救えたのは「命はすべて同じ重み」と思う方々が力を合わせたからです。ユメコはその人達に支えられました。

マナティーたちとともに歩んだ日々を記録したこの本で、私が一番お話したかったのは、この「命を育む尊さ」です。少しでもみなさんに、特にこれから人生を生き抜いていく青少年の方々にお伝えできればさいわいです。

Resources. Tallahassee.
⒂ Caldwell,D.K. and Caldweell,M.C.1985：Manatees(1.2.3)『Hanndobook of Marine mammals Vol.3 』 Acadmic Press
⒃ 千葉彬司　1972：一日の生活記録 『カモシカ日記 大町山岳博物館』毎日新聞
⒄ 内田詮三 1998：II　調査検討内容　4 捕獲　飼育の為のマナティー輸送、畜養の技術の調査検討 『平成９年度 マナティーの飼育展示調査検討報告書』国営縄記念公園事務所

資料提供　一般財団法人沖縄美ら島財団

主な参考資料

⑴ 園田成三郎・安田利男 1984：海牛目　II 海牛類の飼育　3 マナティーの飼育 『世界の動物 分類と飼育４』 (財)東京動物園協会　東京

⑵ D．W．マクドナルド 1986：カイギュウ目 『動物大百科　2 海生哺乳類』　平凡社　東京

⑶ 西脇昌治・神谷敏郎 1984：海牛目　I 海牛類の分類　1 海牛類について 『世界の動物　分類と飼育４』 (財)東京動物園協会　東京

⑷ 西脇昌治 1984：海牛目　I 海牛類の分類　2ジュゴン科・マナティー科 『世界の動物　分類と飼育４』 (財)東京動物園協会、東京

⑸ ジェシー・ホワイト(科学図書マナティ取材班 訳,1993)：第二章 マナティの生態 『マナティ、海に暮らす』 講談社　東京

⑹ 内田詮三 1998：II 調査検討内容　2 国営沖縄記念公園における飼育状況及び経緯 『平成９年度マナティーの飼育展示調査検討報告書』 国営沖縄記念公園事務所

⑺ 内田詮三 1998：II 調査検討内容 1マナティーの現状調査 『平成９年度 マナティーの飼育展示調査検討報告書』 国営沖縄記念公園事務所

⑻ 原弘和　1995：海獣類の部　海牛類の繁殖　1 マナティー 『新飼育ハンドブック　水族館編　1 繁殖　餌料　病気』 社団法人日本動物園水族館協会　東京

⑼ White,J.R. 1984　Born capitive,released in the wild 『Sea Frontiets,30(6):369-375』

⑽ 内田詮三 1991：海牛類研究と水族館について 『IBI REPORTS　国際海洋生物研究所報告 No.2』 国際海洋生物研究所

⑾ ジェシー・ホワイト(科学図書マナティ取材班 訳 1993)：第三章　J・Pを救う 『マナティ、海に暮らす』 講談社　東京

⑿ ジェシー・ホワイト(科学図書マナティ取材班 訳,1993)：第六章 新しい生命・野生に還る 『マナティ、海に暮らす」講談社　東京

⒀ Asper,E.D.,Searles,S.W 1981：Husbandry of Injured and Orphaned Manatess at Sea World of Florida『 The West Indian manatee in Florida』 Brownell Jr. , R. L. and Ralls. K. (eds.) Florida Dept. Natural Resources. Tallahassee.

⒁ Odell,D.K 1981：Growth of a West Indian manatee,Trichechus manatus,born in captivity『The West Indian manatee in Florida』 Brownell Jr. , R. L. and Ralls. K. (eds.) Florida Dept. Natural

あとがき

日本初のマナティーの人工保育は、学術的に貴重で、出来るだけ正確に記録を残す必要があると思いました。執筆にあたっては、人工保育がどのような状況の中でどのような経緯をたどったか、数値を交え具体的に書く事を心掛けました。水族館、動物園で飼育に携わる方々が、種類は違っても人工保育の必要に迫られたとき、この本が何らかの形で役立つ事を願っています。

この本を執筆するにあたり、多くの方々のお世話になりました。

治療内容について、医学的見地から浜端宏英先生に査読をお願いし、執筆に必要な多くの助言と貴重な資料を頂きました。この場をお借りしお礼申し上げます。

又、本の内容については「ガンバレ赤ちゃんマナティー」の著者田平としおさんをはじめ多くの方々の助言を頂きました。

写真の掲載には浜端宏英先生、小濱守安先生、国営沖縄記念公園（海洋博公園）沖縄美ら海水族館、園館活性コンサルタントつまき♪さん、ジュゴンネットワーク沖縄事務局長細川太郎さんに快諾していただきました。なお使用した写真の多くがスライドで、このデータ化には学友の浅井晴夫さんの協力をいただきました。

この本の出版をお引き受けいただいたボーダーインク・新城和博さんのお力で本としての体裁が整えられました。

なお妻には、本の基本的な構成、娘には挿絵に協力をもらいました。

執筆を開始してから随分長い時間を費やしましたが、多くの方々の協力で出版できた事を感謝します。

著者

長崎　佑（ながさき　たすく）

昭和 20 年 7 月 17 日（生)。
昭和39年　長野県立大町高等学校(現長野県立岳陽高等学校)卒業。
昭和 43 年　日本大学農獣医学部水産学課卒業（現日本大学生物資源学部　海洋生物資源科学科)。
昭和 43 年　福島県白河　株式会社林養魚場にて研修。
昭和 43 年　東海区水産研究所（現中央水産研究所）実験助手、この間、公益財団法人目黒寄生虫館で研修。
昭和 45 年　千葉県　鴨川シーワールド入社。カワイルカの飼育、シャチ、アシカ類の飼育調教、アザラシの繁殖に携わる。
昭和 51 年　（社）沖縄海洋生物飼育技術センター入社。(国営沖縄記念公園水族館の飼育管理及び接客部門担当）飼育室次長。マナティーの人工保育、イルカの飼育、繁殖、調教、ジンベエザメの捕獲、輸送、飼育に携わる。
平成 15 年　（財）海洋博覧会記念公園管理財団（現一般財団法人沖縄美ら島財団)。この間、沖縄美ら海水族館の計画、設計、建築、開館、運営に携わる。
平成 19 年 7 月　新屋島水族館館長。
平成 22 年 4 月　学校法人八洲学園 八洲学園大学国際高等学校教諭　生物、科学と人間生活担当。

沖縄で生まれたマナティーの赤ちゃん
人間のお医者さんに診てもらったマナティーの保育日誌

２０１９年12月20日　初版第一刷発行

著　者　長崎　佑
発行者　池宮　紀子
発行所　㈲ ボーダーインク
沖縄県那覇市与儀２２６—３
http://www.borderink.com
tel 098-835-2777　fax 098-835-2840
印刷所　株式会社　東洋企画印刷

ISBN978-4-89982-370-4 printed in OKINAWA Japan